JN026718

できる ポケット

改訂版

最強の情報整理術

OneNote
ワンノート

全事典

間久保恭子&できるシリーズ編集部

インプレス

本書に掲載されている情報について

● 本書の情報は、すべて2023年2月現在のものです。

● 本書では「Windows 11 Home（バージョン 22H2）」と、「OneNote（Windows版）」および「Microsoft 365」の各アプリがインストールされているパソコンで、インターネットに常時接続されている環境を前提に画面を再現しています。

はじめに

　紙の手帳にメモするのと同じように、パソコンやスマートフォンを使ってデジタルに記録する人も増えました。記録に使う電子ノートや、メモアプリなども多種多様なものがあり、これらの利用はビジネスシーンだけでなく、普段の日常生活や学校などにも大きく広がっています。

　本書で紹介しているOneNoteは、マイクロソフト社が提供している、無料で使えるデジタルノートアプリです。デジタルノートの名前のとおり、テキストや画像、音声など、さまざまな情報をまとめて記録できます。会議の議事録、大学の講義ノート、料理のレシピなど、いろいろな用途に使え、作業の効率化や情報共有に役立つ便利なアプリです。

　OneNoteは、WordやExcelなどのアプリとは、画面構成やデータ管理などが異なっています。そのため、初めてOneNoteを使うとき、使い方に戸惑う方がいるでしょう。本書では、OneNoteの基本機能と操作方法を分かりやすく解説しています。これからOneNoteを使いはじめる人が、安心して「OneNoteデビュー」できる内容になっています

　OneNoteのアプリには、パソコン、iPhoneやAndroidスマートフォン、iPadなどがあり、それぞれのデバイスでOneNoteが使えます。オンラインストレージにデータを保存することで、どのデバイスからも最新の情報を確認できます。本書では、iPhoneをメインにモバイルアプリでの操作も解説しています。

　本書がOneNoteを使ったデジタルノート活用の一助となれば幸甚です。

2023年2月

間久保恭子

📖 本書の読み方

本書では OneNote について、ビジネスシーンや大学の講義、日常生活などで役立つワザを網羅しています。パソコン向けアプリは Windows 11、タブレット向けアプリは iPad、Android タブレット、モバイルアプリは iPhone（iOS 16）、Google Pixel 6（Android 13）の画面を例に解説しており、さまざまな場面で使いこなせるようになります。

対応デバイス

利用できるデバイスを表します。対応していないデバイスはオフに（色が薄く）なっています。

チェックマーク

ワザを「覚えた」ときや「試した」ときにマークを付けます。

手順

手順見出し

おおまかな操作の流れが理解できます。

操作説明

「○○をクリック」など、それぞれの手順での実際の操作です。番号順に操作してください。

解説

操作の前提や意味、操作結果に関して解説しています。

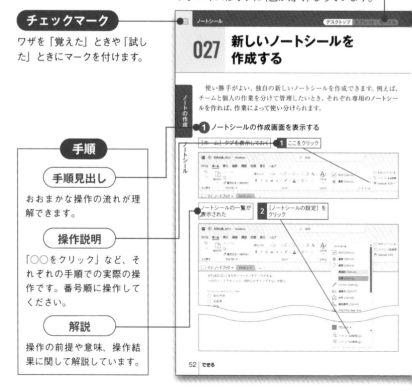

ノートシール　　　　　　　　　　　デスクトップ タブレット モバイル

027 新しいノートシールを作成する

使い勝手がよい、独自の新しいノートシールを作成できます。例えば、チームと個人の作業を分けて管理したいとき、それぞれ専用のノートシールを作れば、作業によって使い分けられます。

1 ノートシールの作成画面を表示する

[ホーム] タブを表示しておく　　　1 ここをクリック

ノートシールの一覧が表示された　　2 [ノートシールの設定] をクリック

無料のショートカットキー一覧表をダウンロード!

本書をご購入のみなさまに、OneNote の操作の時短に役立つショートカットキーの一覧表(PDF ファイル)を提供いたします。A4 サイズの用紙に印刷すれば、いつでも参照できて効率がアップします。

https://book.impress.co.jp/books/1122101157

※上記ページの [特典] を参照してください。ダウンロードには CLUB Impress への会員登録(無料)が必要です。

---

036 ページのリンクを解除する

リンクノートでWord文書などに自動設定されたリンクが不要なときは、その文書へのリンクを解除しておきましょう。同じ文書へのリンクが複数ある場合、すべてのリンクが解除されるので注意してください。

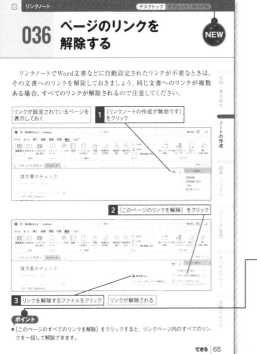

リンクが設定されているページを表示しておく

1 [リンクノートの作成が無効です] をクリック

請求書のチェック

2 [このページのリンクを解除] をクリック

請求書のチェック

3 リンクを解除するファイルをクリック   リンクが解除される

ポイント
● [このページのすべてのリンクを解除] をクリックすると、リンクページ内のすべてのリンクを一括して解除できます。

NEW / 必修

「NEW」はOneNoteの新機能など、本書で新たに解説しているワザです。「必修」は特に利用機会が多く、すべての人に覚えてほしいワザです。

NEW

必修

ポイント/関連など

操作の注意点や補足情報を解説する「ポイント」や、マウスを使わずに操作できる「ショートカットキー」、似た場面で利用できる「関連」ワザを紹介しています。

目次

第1章	特徴・基本操作		11

第2章	ノートの作成		33

第3章　図表・ファイル　67

第4章　ノートの整理　　　121

第5章　モバイルアプリ 173

第6章　活用アイデア　207

第1章

特徴・基本操作

OneNoteの概要と基本的な操作を確認

本章では、OneNoteの概要とOneNoteを使い始めるための基本的な操作を解説しています。OneNoteがどのようなアプリなのかを理解しておきましょう。

001 OneNoteとは

特徴・基本操作

概要

　OneNoteは、会議の議事録、講義ノートの作成、打ち合わせのメモなど、いろいろな場面で情報を記録できるデジタルノートアプリです。記録した情報は、スマートフォンなどの外出先でも閲覧できます。ここではOneNoteの概要を理解しましょう。

さまざまな情報を記録できるデジタルノート

　OneNoteでは、テキスト、画像、表、PDF、音声など、さまざまな種類の情報を記録できます。思いついたときに、すぐにメモができ、デジタルペンやマウスなどで手書きのメモを書き込むことも可能です。ビジネスはもちろん、日常生活や学校など、いろいろな用途で使えます。

◆Windows版のOneNoteアプリ

テキスト、画像、音声などを組み合わせて、さまざまな情報を記録できる

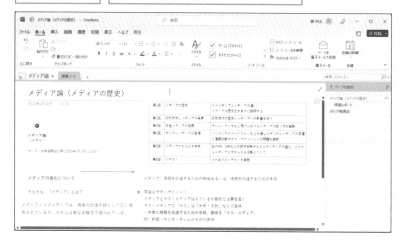

いつでもどこでもノートを見られる

　OneNoteでは基本的に、記録したメモのファイルをOneDriveに保存します。OneDriveはインターネット上に保存できるストレージサービスなので、会社や自宅、移動中など、いつでも好きなときにノートの情報を確認・編集できます。複数の人でノートを共有することも可能です。

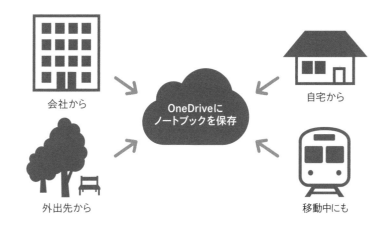

会社から

OneDriveに
ノートブックを保存

自宅から

外出先から

移動中にも

OneNoteは無料で使える

　OneNoteは、パソコン用やタブレット用、スマートフォン用などのアプリがあり、いずれも無料で使えます。Windowsの場合、標準でOneNoteアプリがインストールされています。また、Macは「Mac App Store」、iPadとiPhoneは「App Store」、Androidは「Google Play」からダウンロードできます。

ポイント

● OneDriveはマイクロソフト社が提供するサービスです。無料で利用できますが、あらかじめMicrosoftアカウントを作成しておく必要があります。
● OneNoteには、有償の「Microsoft 365」を契約していないと使えない機能が一部あります。

002 OneNoteを使える デバイス

　OneNoteは、パソコンだけでなく、スマートフォンやタブレットでも使用できます。いずれのデバイスからでも同じ情報を共有し、場面にあわせて使い分けられます。ブラウザーだけで使えるWeb版もあります。ここではOneNoteを利用できるデバイスや環境について見ていきます。

● パソコン

　パソコンでは、OneNoteのすべての機能を使えます。さまざまな情報を入力・整理するときは、パソコンでの操作が効率的です。Windowsだけでなく、Mac向けのアプリも提供されています。

▼ Microsoft OneNote
https://www.microsoft.com/ja-jp/microsoft-teams/download-app

◆Windows版のOneNoteアプリ

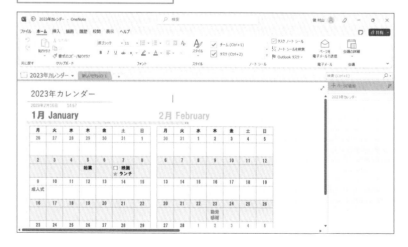

● タブレット

iPadとAndroidのタブレットに対応し、それぞれ専用のアプリが提供されています。スマートフォンとは異なり、1つの画面でセクションとページをまとめて確認できるメリットがあります。

◆OneNoteのiPadアプリ

● スマートフォン

iPhoneとAndroidスマートフォンに対応し、それぞれ専用のアプリが提供されています。外出先や移動中でも、手軽にメモを入力・確認できます。

◆OneNoteのiPhoneアプリ

● Web版

Microsoft EdgeなどのブラウザーからOneNoteにアクセスして、使用できます。パソコンやスマートフォンなどのアプリが使えない環境にあるときに役立ちます。

特徴・基本操作
ノートの作成
図表・ファイル
ノートの整理
モバイルアプリ
活用アイデア

ポイント

- Windowsパソコン向けのOneNoteアプリには、Windows 11に標準で装備されている「Windows版」があります。
- 「Windows版」に加えて、「OneNote for Windows 10」もインストールされている場合があります。ただし、Windows 10版は今後サポートの終了が予定されています。
- Windows 10でも、マイクロソフト社のサイトから「Windows版」をダウンロードすれば、引き続きOneNoteを利用できます。

003 記録できるメモの種類

　テキスト、画像、手書きなど、さまざまな情報をメモとして記録できるのが、OneNoteの魅力です。テキストに手書きでコメントを添えるなど、種類が違うメモを組み合わせる使い方もできます。OneNoteに記録できる主なメモの種類は次のとおりです。

● テキスト

　ページの好きな位置に、文章や箇条書きなどのテキストを入力できます。フォントやサイズ、色、蛍光ペンなどの文字書式の設定も可能です。

定例会議

2023年6月14日　　14:00

★ 株主総会で必要なもの
  - スーツ着用
  - 受け付けで使用するための筆記具
  - 会場案内用のホワイトボード、磁石

株主総会について
会場：ABCタワー Dホール
住所：東京都X区Y町1－2－3
ABCタワー14階

● 画像

　画像は、テキストと同様に、好きな場所に配置できます。画像ファイルをドラッグ＆ドロップする、オンラインで検索して挿入する、スクリーンショットを撮るなど、いろいろな挿入方法があります。

● ファイル

WordやExcel、PowerPointなどのファイルをページに添付できます。印刷イメージの表示や、Excelファイルをスプレッドシートとして挿入することも可能です。

● 音声

OneNoteには録音機能があり、マイクを使って音声を記録できます。話された内容を文字に書き起こす機能(トランスクリプト)も備えています。

● 手書き

マウスやデジタルペンなどを使って、手書きのメモを入力できます。図やコメントなどを、頭の中に浮かんだとおりに書き込めます。

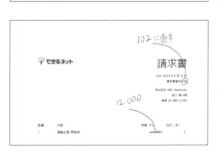

特徴・基本操作

ノートの作成

図表・ファイル

ノートの整理

モバイルアプリ

活用アイデア

004 ノートブック、セクション、ページの役割

OneNoteのメモは、「ノートブック」「セクション」「ページ」という3つの階層で構成されています。メモを管理するために重要なので、これらの階層について理解しておきましょう。

基本はノートブック、セクション、ページの3階層

バインダーで用紙を保管するとき、ラベルで仕切り、書類を分類します。それと同じように、OneNoteでは「ノートブック」「セクション」「ページ」の階層で、メモを分類して管理できます。1枚の用紙にあたるのが「ページ」で、ページをまとめたものが「セクション」、セクションをまとめたものが「ノートブック」になります。

● ノートブック

ノートブックは、メモを管理するときのいちばん上の分類です。1冊のバインダーや手帳に相当します。仕事用やプライベート用など、大きなまとまりで利用するようにしましょう

ノートブックは複数個を作成することもできる

● セクション

セクションは、複数のページをまとめておく分類です。1つのセクションに多くのページがあると、目的のページを見つけにくくなります。そのようなときは新しいセクションを追加して、ページを振り分けましょう。

● ページ

ページは、実際にメモを入力する1枚の用紙です。テキストや画像など、さまざまな情報を挿入できます。新しいページは、自由に追加できます。

さらに多くを階層化できる

セクションの数が増えた場合、下図のように複数のセクションをまとめた「セクショングループ」を作成できます。ページも「サブページ」で階層化が可能です。ただし、あまり階層が複雑化してしまうと、メモの管理が難しくなるので注意しましょう。

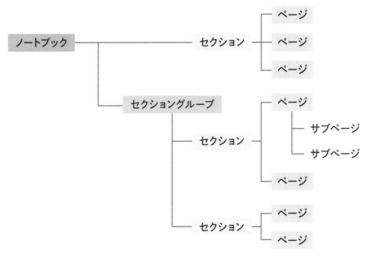

ポイント

● ノートブック、セクション、ページを切り替える方法については、ワザ008（P.24）やワザ010（P.28）を参照してください。

できる | 19

005 OneNoteを起動する

OneNoteは一般のアプリと同様に、スタートメニューから起動します。Microsoftアカウントでサインインして、基本的にOneDriveと連携させた使い方をします。

①OneNoteを起動する

スタートメニューを表示しておく	1 「OneNote」と入力して Enter キーを押す	2 [OneNote] をクリック

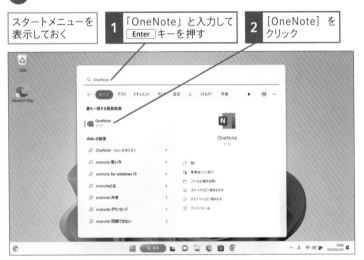

②OneNoteにサインインする

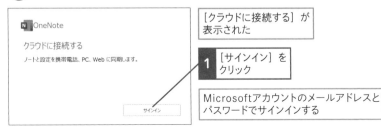

[クラウドに接続する] が表示された

1 [サインイン] をクリック

Microsoftアカウントのメールアドレスとパスワードでサインインする

❸ OneNoteの画面が表示される

OneNoteが起動した

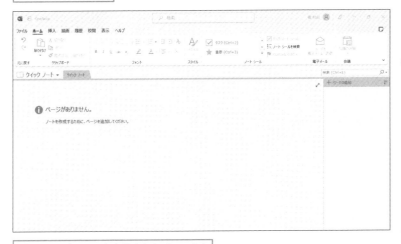

デスクトップ画面から素早くクイックノートを
開くこともできる

ポイント

● OneNoteの初回起動時に、新しいノートブックが作成されます。なお、OneNoteの種類や使用環境によっては作成されない場合もあります。

関連 013 新しいページを追加する ……………………………………P.34
075 新しいセクションを追加する……………………………… P.133
083 ほかのデバイスで作成したノートブックを開く …………P.144
101 共有されたノートブックを編集する …………………… P.169

特徴・基本操作

ノートの作成

図表・ファイル

ノートの整理

モバイルアプリ

活用アイデア

006 OneNoteの画面構成

特徴・基本操作

表示

　OneNoteの画面構成を確認しましょう。ノートブック、セクション、ページを効率的に操作できます。また、画面中央がページの領域で、ここにメモや画像などの情報を書き込みます。

◆リボン　　　　　　　　　　　　　◆ユーザー名　　◆Feed　　◆共有ボタン

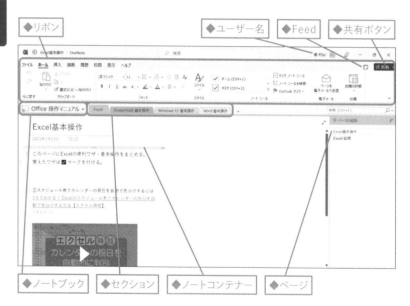

◆ノートブック　　◆セクション　　◆ノートコンテナー　　◆ページ

ポイント

● ページの領域の右上にある [全体表示] をクリックすると、ページの領域を画面いっぱいに広げることができます。[標準表示]をクリックすると元に戻ります。

ショートカットキー

Ctrl + Alt + Shift + + ………………………………… 画面表示を拡大する
Ctrl + Alt + Shift + − ………………………………… 画面表示を縮小する

007 リボンの基本操作

ほかのアプリと同じように、OneNoteも「リボン」を使って操作します。リボンの表示・非表示や、ボタンのレイアウトを変更する方法を理解しておきましょう。リボンをいつも表示させておくときは、「常にリボンを表示する」をオンにします。

リボンの表示を［タブのみを表示する］に変更する

1 ここをクリック

2 ［タブのみを表示する］をクリック

リボンの表示が変更された

［ファイル］タブ以外のタブをダブルクリックすると、元のリボンに戻る

ポイント

● Alt キーを押したあと、リボンの各タブの下に表示されるアルファベットのキーを押すと、そのタブに切り替えられます。続けて各ボタンの下に表示されるキーを押して、機能を呼び出すこともできます。

特徴・基本操作　ノートの作成　図表・ファイル　ノートの整理　モバイルアプリ　活用アイデア

008 セクションやページを切り替える

特徴・基本操作

表示

　紙の手帳を使うときと同じように、OneNoteでもメモを書き込むページを表示して使います。ページの数が多くても、ワンクリックで切り替えられます。複数のセクションがあるときは、セクションを切り替えると、その中にあるページを選択できます。

1 セクションを切り替える

1 セクション名をクリック

セクションが切り替わった　　セクション内のページ一覧が表示された

2 ページを切り替える

1 ページ名をクリック

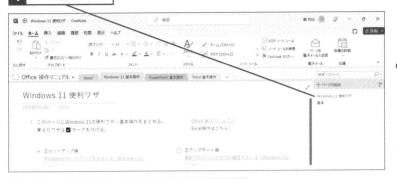

ページが切り替わった | ページの内容が表示された

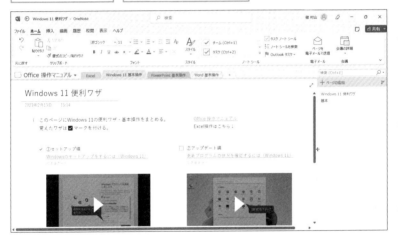

＜ショートカットキー＞

Ctrl + Tab	………………………………………… 次のセクションに移動する
Ctrl + Shift + Tab	………………………… 1 つ前のセクションに移動する
Ctrl + Page Down	…………………………… セクション内の次のページに移動する
Ctrl + Page Up	…………………………… セクション内の前のページに移動する
Alt + Home	………………………… セクション内の最初のページに移動する
Alt + End	………………………… セクション内の最後のページに移動する

特徴・基本操作

ノートの作成

図表・ファイル

ノートの整理

モバイルアプリ

活用アイデア

009 新しいノートブックを作成する

必修

OneNoteを使うとき、最初にノートブックを準備します。用途や目的にあわせて、新しいノートブックを追加できます。ノートブックは土台にあたる部分なので、あまり細かい分類で名前を付けるのではなく、例えば「仕事」と「プライベート」のような大きなまとまりで分けるようにしましょう。

特徴 基本操作

ノートブック

1 [新しいノートブック] を表示する

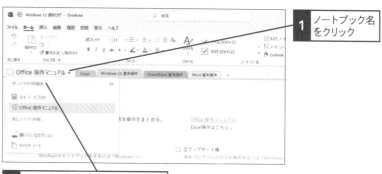

1 ノートブック名をクリック

2 [ノートブックの追加] をクリック

2 ノートブック名を入力する

[新しいノートブック] が表示された

1 ノートブック名を入力

2 [ノートブックの作成] をクリック

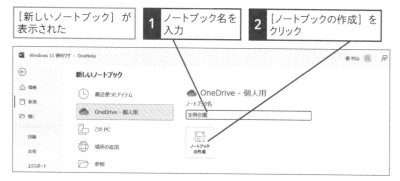

③ 共有設定を選択する

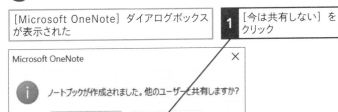

[Microsoft OneNote] ダイアログボックスが表示された

1 [今は共有しない] をクリック

Microsoft OneNote ✕

ⓘ ノートブックが作成されました。他のユーザーと共有しますか？

ユーザーの招待 　今は共有しない

共有する場合は [ユーザーの招待] をクリックする

④ ノートブックが作成される

ノートブックが作成された

[新しいセクション 1] をダブルクリックするとセクション名を変更できる

[ページの追加] をクリックすると、ページを追加できる

ポイント

● ノートブックのセクションが多くなり、情報が複雑化した場合、ノートブックを新たに作成して、別のノートブックにページを移動するとよいでしょう。

ショートカットキー

Shift + F9 …………………………………………… ノートブックを同期する

関連 067 ページを移動・コピーする …………………………………… P.122
075 新しいセクションを追加する ………………………………… P.133
111 新しいページを作成する（モバイルアプリ）………………… P.184

特徴・基本操作

ノートの作成

図表・ファイル

ノートの整理

モバイルアプリ

活用アイデア

010 ノートブックを切り替える

　ノートブックは1冊の手帳のようなものです。複数の手帳を使うように、ノートブックが複数あるときは、使いたいノートブックに切り替えます。頻繁に切り替えるときは、ノートブック一覧をピン留めしてナビゲーションバーを表示しておくと便利です。

ノートブックを切り替える　| 1 | ノートブック名をクリック

開いているノートブック一覧が表示された　| 2 | ノートブックをクリック

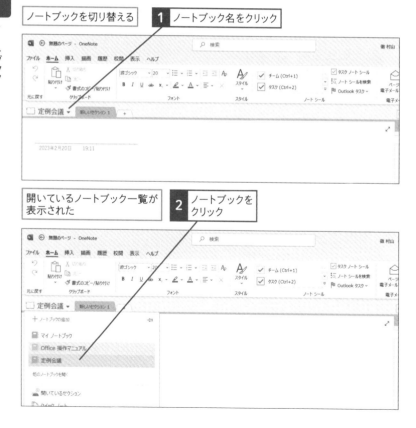

ノートブックが切り替わった

ここをダブルクリックすると、ノートブック一覧が
ピン留めされる

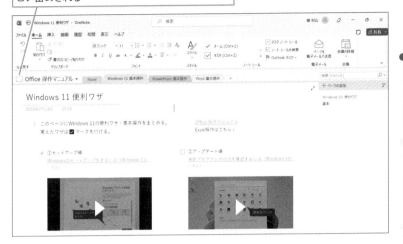

特徴・基本操作

ノートの作成

図表・ファイル

ノートの整理

モバイルアプリ

活用アイデア

ポイント

● 切り替えることができるのは、開いているノートブックだけです。使いたいノートブックを閉じているときは、ノートブックを開く必要があります。

● Ctrl + G キーを押すと開いているノートブックの一覧が表示されます。↑ / ↓ キーを押すとノートブックを選択でき、Enter キーを押すと、そのノートブックに切り替えられます。

ショートカットキー

Ctrl + G のあとに ↑ / ↓ …………… 開いているノートブックを選択する

デスクトップ | タブレット | モバイル

011 クイックノートの保存場所を設定する

NEW

特徴・基本操作

クイックノートは、OneNoteを閉じている状態でも、素早くメモを入力できる機能です。クイックノートで入力したメモは、保存場所に設定しているセクションに自動的にページが保存されます。適切に管理するため、クイックノートの保存場所を理解しておきましょう。また、初期設定から保存場所を変更することもできます。

設定

1 [ファイル] タブ→ [オプション] の順にクリック

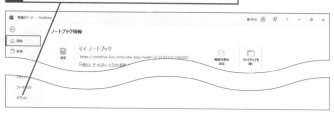

[OneNoteオプション] が表示された

2 [保存とバックアップ] → [クイックノートセクション] → [変更] の順にクリック

[OneNoteの場所の選択] が表示された

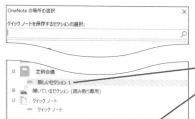

3 保存先のノートブックのセクションをクリック

4 [選択] をクリック

クイックノートの保存場所が設定される

012 複数アカウントで サインインする

OneNoteにアカウントを追加し、複数のアカウントでサインインして利用できます。例えば、会社と自宅のパソコンで別々のMicrosoftアカウントを使うとします。こうしたとき、OneNoteに両方のアカウントでサインインすることで、どちらのパソコンで管理しているノートブックも開くことが可能です。

① サインイン画面を表示する

1 ユーザー名をクリック

ユーザー情報が表示された

2 [別のアカウントでサインイン] を
クリック

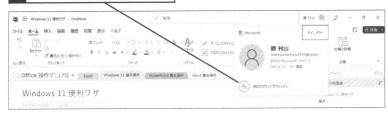

次のページに続く ⟩

特徴・基本操作

ノートの作成

図表・ファイル

ノートの整理

モバイルアプリ

活用アイデア

②Microsoft アカウントでサインインする

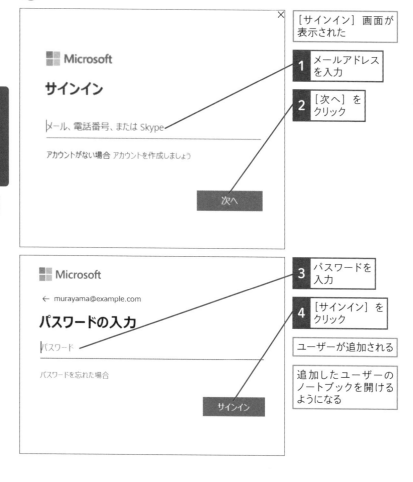

[サインイン] 画面が表示された

1 メールアドレスを入力

2 [次へ] をクリック

3 パスワードを入力

4 [サインイン] をクリック

ユーザーが追加される

追加したユーザーのノートブックを開けるようになる

特徴・基本操作

設定

ポイント

● Macでは画面左下に表示されるアカウントのアイコンから操作します。

● タブレット、モバイルアプリではノートブックの一覧の左上に表示されるアカウントをタップして操作します。

32 **できる**

第2章

ノートの作成

テキスト入力に関する操作をマスター

OneNoteを使うとき、もっとも基本となるのがテキスト入力です。本章では、ノートコンテナーの操作や文字書式の設定など、テキスト入力に関する操作を解説しています。

013 新しいページを 追加する

必修

ノートの作成

ページ

1つのページに多くのメモを詰め込むと、あとで確認しにくくなります。管理しやすいように、メモの区分や内容にあわせて新しいページを追加し、整理しましょう。

1 [ページの追加] をクリック

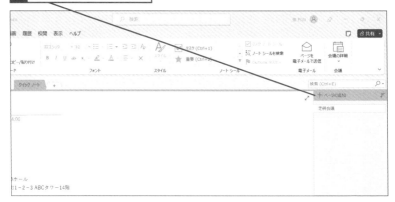

[無題のページ] が追加された

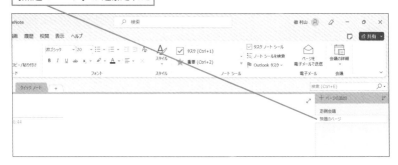

◆ ショートカットキー ◆

`Ctrl` + `N` ……………………………………………………………… 新しいページを追加する

デスクトップ | タブレット | モバイル

014 ページのタイトルを 入力する

必修

ページのタイトルを入力すると、自動的にページタブにもページ名として表示されます。ページ数が増えても区別しやすいように、ページの内容にあわせて、簡潔で分かりやすいタイトルにしましょう。

特徴・基本操作

ノートの作成

図表・ファイル

ノートの整理

モバイルアプリ

活用アイデア

ページを表示しておく

1 ここをクリック **2** ページのタイトルを入力

ページにタイトルが入力された   ページの一覧にタイトルが表示された

定例会議_0615

015 ページにテキストの メモを入力する

必修

ノートの作成 ページ／ノートコンテナー

　ページ内をクリックして文字を入力すると、自動的にノートコンテナーが配置され、テキストのメモが入力されます。ノートコンテナーはあとから移動や結合・分割などが行えるので、メモしたいことを自由に入力していきましょう。

ページを表示しておく

| 1 | 文字を入力したい 場所をクリック | 2 | メモの内容を 入力 |

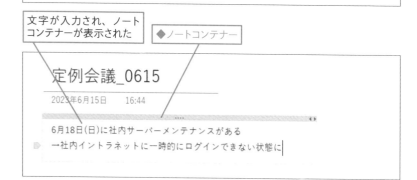

定例会議_0615

2023年6月15日　　16:44

文字が入力され、ノートコンテナーが表示された | ◆ノートコンテナー

定例会議_0615

2023年6月15日　　16:44

6月18日(日)に社内サーバーメンテナンスがある
　→社内イントラネットに一時的にログインできない状態に

ポイント

● OneNoteに入力したメモは、自動的に保存されます。一般のアプリで行うような保存の操作は必要ありません。

016 ノートコンテナーを削除する

必修

　メモが不要になった場合は、そのメモが入っているノートコンテナーごと削除できます。削除するときは、必要なメモを削除してしまわないように注意しましょう。なお、ノートコンテナー内のメモがすべてなくなると、ノートコンテナーは自動的に削除されます。

1 ノートコンテナー上部にマウスポインターをあわせる ／ マウスポインターの形が変わった

定例会議_0615

2023年6月15日　　16:44

6月18日(日)に社内サーバーメンテナンスがある
→社内イントラネットに一時的にログインできない状態に

2 そのままクリック ／ ノートコンテナーが選択される

3 Delete キーを押す ／ ノートコンテナーが削除された ／ Back space キーでも削除できる

定例会議_0615

2023年6月15日　　16:44

ポイント

● 誤ってノートコンテナーを削除したときは、Ctrl + Z キーを押して操作を取り消すと、ノートコンテナーを復活できます。
● 複数のノートコンテナーを削除したいときは、ワザ022（P.44）の方法でそれらを選択しておくと、まとめて削除できます。

特徴・基本操作 ／ ノートの作成 ／ 図表・ファイル ／ ノートの整理 ／ モバイルアプリ ／ 活用アイデア

017 ノートコンテナーを移動する

必修

ノートの作成

ノートコンテナー

　ノートコンテナーは、ページ内の好きな場所に移動できます。メモを活用しやすいように、時系列に並べる、関連性が高いものを隣接させるなど、ノートコンテナーの配置を調整しましょう。

ノートコンテナーを作成しておく

1 ここにマウスポインターをあわせる

2 そのままドラッグ

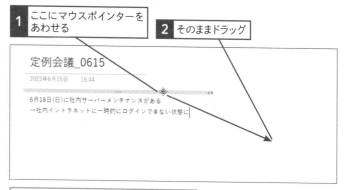

ドラッグした場所までノートコンテナーが移動した

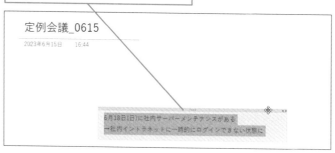

ポイント

● 別のページにノートコンテナーを移動するときは、ノートコンテナーをコピー＆貼り付けします。

018 ノートコンテナーを 結合する

ノートコンテナーを結合すると、異なるノートコンテナーに入力している メモを、素早く1つにまとめることができます。関連する内容が複数のノー トコンテナーに分かれているメモを、集約したいときに便利です。

特徴・基本操作

ノートの作成

図表・ファイル

ノートの整理

モバイルアプリ

活用アイデア

2つのノートコンテナーを1つにする | 1 ここにマウスポインターをあわせる

定例会議

2023年6月14日　14:00

6月14日の議題
議題

株主総会について
会場：ABCタワー Dホール
住所：東京都X区Y町1-2-3 ABCタワー14階

2 Shift キーを押しながらここまでドラッグ

2つのノートコンテナーが1つになった

定例会議

2023年6月14日　14:00

6月14日の議題
議題

株主総会について
会場：ABCタワー Dホール
住所：東京都X区Y町1-2-3 ABCタワー14階

ポイント

● ドラッグして移動するノートコンテナーは、移動先のノートコンテナーの途中にも挿入 できます。

019 ノートコンテナーを分割する

ノートの作成

ノートコンテナー

　ノートコンテナーから一部を取り出して、別のノートコンテナーに分割できます。長いメモを分割するときや、さまざまな内容が混在しているメモを整理するときに役立ちます。

> ノートコンテナー内の文字から、新しい
> ノートコンテナーを作成する

1 移動したい文字をドラッグして選択

2 選択した文字をここまでドラッグ

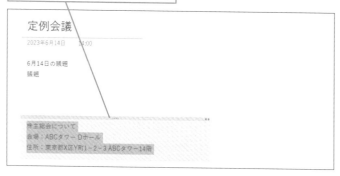

> 選択した文字だけが移動し、新しい
> ノートコンテナーが作成された

020 ノートコンテナーの幅を調整する

　ノートコンテナーの高さや幅は、入力した内容にあわせて自動的に変わります。幅の大きさはドラッグして変更できるので、内容が読み取りやすくなるように調整しましょう。

| **1** | ノートコンテナーの右端にマウスポインターをあわせる | マウスポインターの形が変わった | ⟺ |

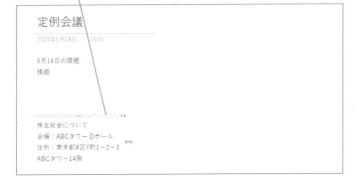

```
定例会議
2023年6月14日    14:00

6月14日の議題
議題


株主総会について
会場：ABCタワー Dホール
住所：東京都X区Y町1-2-3 ABCタワー14階
```

| **2** | 左にドラッグして幅を調整 |

ノートコンテナーの幅が狭くなった

```
定例会議
2023年6月14日    14:00

6月14日の議題
議題


株主総会について
会場：ABCタワー Dホール
住所：東京都X区Y町1-2-3
ABCタワー14階
```

特徴・基本操作

ノートの作成

図表・ファイルに

ノートの整理

モバイルアプリ

活用アイデア

021 ノートコンテナーを コピー&貼り付ける

必修

一般のアプリでの操作と同様に、ノートコンテナーをコピーして別の場所に貼り付けられます。ノートコンテナー全体を流用して使いたいときに便利です。同じページだけでなく、違うセクションやノートブックにある別のページにも貼り付けできます。

1 ノートコンテナーを選択する

[ホーム] タブを表示しておく	**1** ノートコンテナーを選択

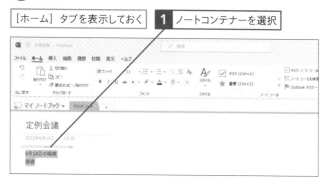

2 ノートコンテナーをコピーする

1 [コピー] を クリック	ノートコンテナーが コピーされた	[切り取り] をクリックすると 切り取られる

左余白：

❸ ノートコンテナーを貼り付ける

1 貼り付けたい場所を
クリック

2 [貼り付け] をクリック

ノートコンテナーが
複製された

ポイント

● ノートコンテナー内の一部の文字をコピーし、貼り付けることもできます。貼り付けた
場所にノートコンテナーが作成され、コピーした文字が入力されます。

ショートカットキー

Ctrl + C ·· コピーする
Ctrl + X ··· 切り取る
Ctrl + V ·· 貼り付ける

022 複数のノートコンテナーを選択する

ノートの作成　ノートコンテナー

　複数のノートコンテナーを選択する方法を知っておくと、作業の効率化が図れます。例えば、複数のノートコンテナーを移動・削除したいとき、個々に操作する手間を省いて、まとめて選択しているノートコンテナーを一括して操作できます。

---

1 何もない部分からドラッグ

ドラッグして囲んだ範囲内にあるノートコンテナーが選択された

定例会議

2023年6月14日　　14:00

6月14日の議題
議題

株主総会について
会場：ABCタワー Dホール
住所：東京都X区Y町1－2－3
ABCタワー14階

受付担当
6名

何もない部分をクリックすると選択が解除される

ポイント

● Ctrl キーを押しながらノートコンテナーの上部をクリックしても、複数選択できます。ノートコンテナーが離れた位置にあるときは、Ctrl キーを押しながらクリックして選択しましょう。

023 ノートコンテナーの間に スペースを挿入・削除する

　ページでメモや図表などを整理しているとき、新たなメモを追加するためのスペースを確保したい、ということがあります。このようなときは、「スペースの挿入」機能を使いましょう。スペースを入れたい位置から下方向にドラッグするだけで、配置しているノートコンテナーをまとめて移動し、スペースを作れます。反対に、上方向にドラッグして、余分なスペースを削除することもできます。

1 [スペースの挿入] モードにする

[挿入] タブを表示しておく

1 [スペースの挿入] をクリック

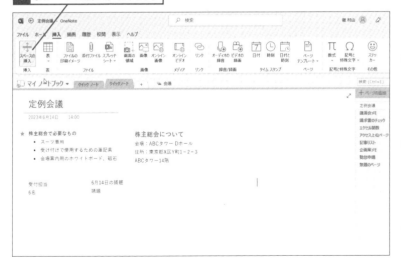

次のページに続く >

❷ スペースを挿入する

1	文章の間にマウスポインターをあわせる	マウスポインターの形が変わった

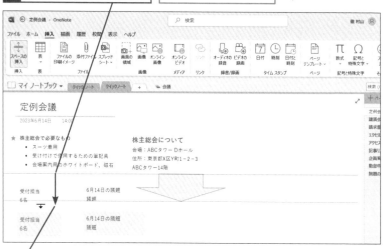

2 下にドラッグ

スペースが挿入された

46 できる

③ スペースを削除する

1 [スペースの挿入] をクリック	**2** 空白の部分にマウスポインターをあわせる

マウスポインターの形が
変わった ↕　**3** 上にドラッグ

スペースが削除された

ポイント

● ページの左端から右方向にドラッグすると、ページの左側にスペースを作れます。

特徴・基本操作

ノートの作成

図表・ファイル

ノートの整理

モバイルアプリ

活用アイデア

できる | 47

024 ノートシールを付ける

「ノートシール」は、メモに「注意」や「質問」などの目印を付ける機能です。単にメモを目立たせるだけでなく、付けたノートシールを検索し、メモの管理に役立てられます。

ノートの作成　ノートシール

[ホーム] タブを表示しておく

1 ノートシールを付けたい行をクリック

2 [重要] ノートシールをクリック

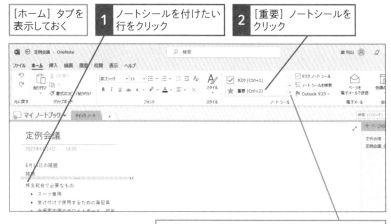

ここをクリックするとノートシールの一覧が表示される

[重要] ノートシールが付いた

025 ノートシールを削除する

　ノートシールは便利な機能ですが、そのままにしておくと、メモが煩雑になりがちです。ノートシールは簡単に付け替えや削除ができるので、状況に応じて見直しを行い、不要なノートシールは削除しましょう。

[ホーム] タブを表示しておく

1 ノートシールを削除したい行をクリック

2 [重要] ノートシールをクリック

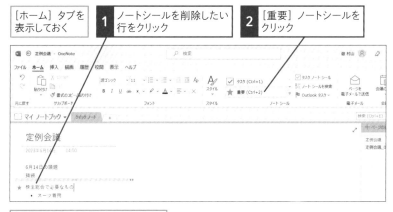

[重要] ノートシールが削除された

ポイント

●メモに複数のノートシールを付けている場合、ノートシールの一覧から [ノートシールの削除] をクリックするとまとめて削除できます。複数のメモからノートシールを削除したいときにも便利です。

ショートカットキー

Ctrl + 0 ……………………………………… すべてのノートシールを削除する

026 ノートシールでタスクを管理する

ノートシールの「タスク」は、チェックボックスの機能を持っています。やるべきことを書き出して「タスク」のノートシールを設定すれば、メモをToDoリストとしてタスクの管理に活用できます。

① [タスク] ノートシールを付ける

2 タスクを完了済みにする

1 [タスク] ノートシールを
クリック

チェックが付き、タスクが
完了済みになった

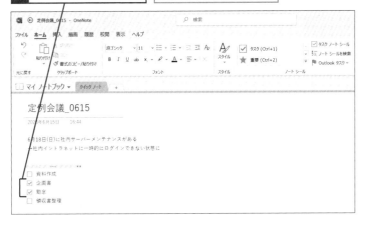

3 完了したタスクを元に戻す

1 チェックが付いた [タスク] ノートシール
をクリック

[タスク] ノートシールのチェックが
外れ、未完了に戻った

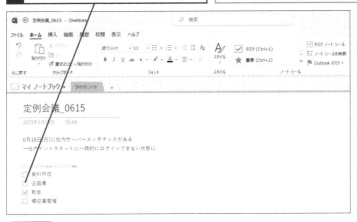

ポイント

● ノートシールを検索し、「タスク」を付けたメモからチェックされていないものだけを表示
できます。

右側の縦書き見出し:

特徴・基本操作

ノートの作成

図表・ファイル

ノートの整理

モバイルアプリ

活用アイデア

できる | 51

027 新しいノートシールを作成する

使い勝手がよい、独自の新しいノートシールを作成できます。例えば、チームと個人の作業を分けて管理したいとき、それぞれ専用のノートシールを作れば、作業によって使い分けられます。

❶ ノートシールの作成画面を表示する

[ホーム] タブを表示しておく | 1 ここをクリック

ノートシールの一覧が表示された | 2 [ノートシールの設定] をクリック

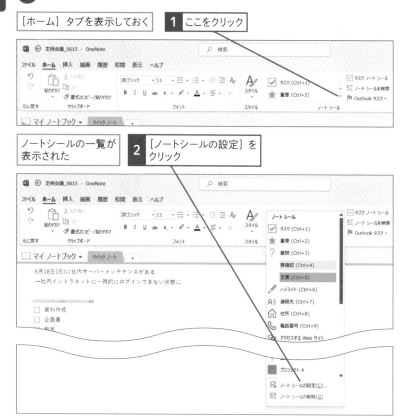

2 ノートシールを作成する

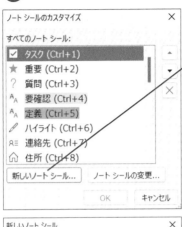

[ノートシールのカスタマイズ]
が表示された

1 [新しいノートシールの作成]
をクリック

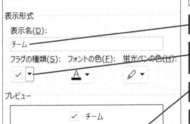

[新しいノートシール]が表示された

2 ノートシール名を入力

3 [フラグの種類]から
アイコンを選択

4 [OK]をクリック

5 [ノートシールのカスタマイズ]
が再度表示されたら[OK]を
クリック

作成したノートシールを
使えるようになった

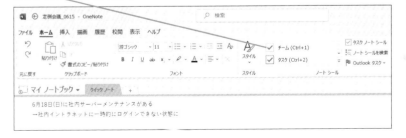

特徴・基本操作

ノートの作成

図表・ファイル

ノートの整理

モバイルアプリ

活用アイデア

028 文字の書式を設定する

必修

ノートの作成

書式

　ノートコンテナーに入力している文字に、フォント、サイズ、太字などの書式を設定できます。ノートコンテナー全体、または一部の文字を選択し、目的の文字の書式を設定します。メモが見やすくなるように、見出しを目立たせる、特定のキーワードを強調するなど、内容にあわせて整えましょう。

1 ノートコンテナー全体のフォントサイズを変更する

[ホーム] タブを表示しておく

1 ノートコンテナーを選択

2 ここをクリック

3 フォントサイズを選択

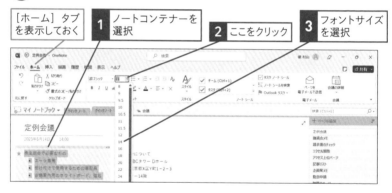

2 フォントの色を変更する

文字のサイズが変わった

1 文字をドラッグして選択

2 ここをクリック

3 色を選択

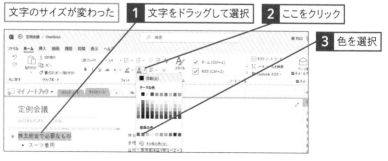

❸ 文字を太字に設定する

文字の色が変わった	**1** 文字をドラッグして選択

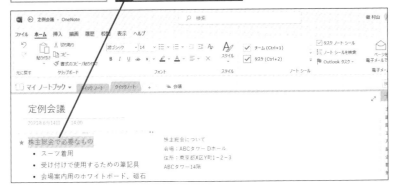

2 [太字] をクリック

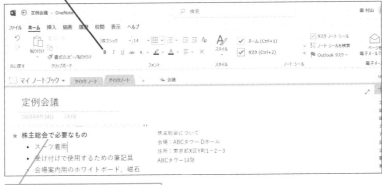

選択した文字が太字に設定された

〈ショートカットキー〉

Ctrl + Shift + >	フォントサイズを大きくする
Ctrl + Shift + <	フォントサイズを小さくする
Ctrl + B	選択した文字を太字にする
Ctrl + I	選択した文字を斜体にする
Ctrl + U	選択した文字に下線を引く
Ctrl + −	選択した文字に取り消し線を引く

029 箇条書き・段落番号を付ける

必修

　メモで項目を書き並べたとき、先頭に記号や連番を付けると項目を区別しやすくなります。「●」や「◇」などの記号を付けるときは「箇条書き」機能、「1.」「2.」「3.」などの連番は「段落番号」機能で設定します。メモの内容にあわせて、箇条書きと段落番号を使い分けましょう。

1 ノートコンテナーをクリック　　**2** ［箇条書き］をクリック

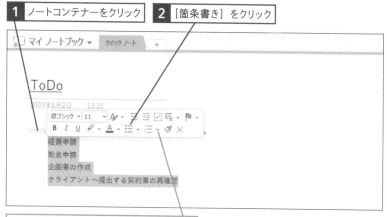

ここをクリックすると段落番号を設定できる

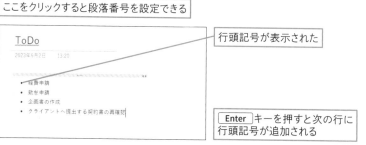

行頭記号が表示された

Enter キーを押すと次の行に行頭記号が追加される

ショートカットキー

Ctrl + . ……………………………………………… 箇条書きにする

Ctrl + / ……………………………………………… 段落番号を付ける

030 書式のみをコピー& 貼り付ける

フォント、太字、色などの文字に設定している書式を別の文字にも適用したいときには、「書式のコピー/貼り付け」機能を使うと便利です。コピー&貼り付けの操作で、素早く同じ書式を設定できます。見出しなどの書式を統一したいときに便利です。

[ホーム] タブを表示しておく　　**1** 書式をコピーしたい文字をドラッグして選択

2 [書式のコピー /貼り付け] をクリック

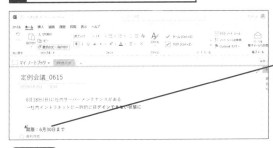

マウスポインターの形が変わった

3 書式を反映したい行をクリック

書式が貼り付けられ、文字のサイズと色が変更された

ポイント

● [書式のコピー /貼り付け]をダブルクリックすると、続けて複数個所の文字に書式を貼り付けられます。操作を終了するときは、もう一度[書式のコピー /貼り付け]をクリックします。

ショートカットキー

[Ctrl] + [Shift] + [C] ………………………………………………… 書式をコピーする

[Ctrl] + [Shift] + [V] ………………………………………………… 書式を貼り付ける

031 蛍光ペンを引く

ノートの作成
書式

蛍光ペンは、紙の本やノートにマーカーを引くように、文字の背景に色を付ける機能です。黄、緑、水色、ピンクなどの色があり、好きな色を選べます。重要な文字を目立たせたいときに便利です。

[ホーム]タブを表示しておく

1 文字をドラッグして選択

2 [蛍光ペン]をクリック

ここをクリックすると蛍光ペンの色を選択できる

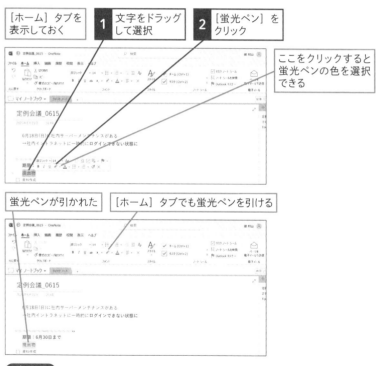

蛍光ペンが引かれた　　[ホーム]タブでも蛍光ペンを引ける

ポイント

● 文字から蛍光ペンの色を削除するときは、色の一覧で[色なし]をクリックします。

ショートカットキー

Ctrl + Shift + H ‥‥‥‥‥‥‥‥‥‥‥‥‥‥‥‥‥‥‥‥ 蛍光ペンを引く

032 すべての書式を クリアして標準に戻す

　文字に設定している太字や色などの書式を解除したいときは、「すべての書式をクリア」機能を使いましょう。複数の書式をまとめて解除し、すぐに標準のテキストに戻せます。

| [ホーム] タブを表示しておく | 1 文字をドラッグして選択 | 2 [すべての書式をクリア] をクリック |

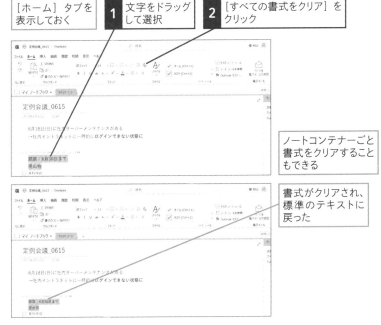

ノートコンテナーごと書式をクリアすることもできる

書式がクリアされ、標準のテキストに戻った

ポイント

● ブラウザーでコピーしてOneNoteのページに貼り付けた文字には、Webページでの書式の設定が残っています。この操作を使えばWebページの書式が解除され、標準のテキストに戻せます。

ショートカットキー

[Ctrl] + [Shift] + [N]‥‥‥‥‥‥‥‥‥‥‥‥‥‥‥‥‥‥‥‥‥‥ 書式をクリアする

033 クイックノートを使って メモを入力する

　思い浮かんだアイデアなどをすぐにメモしたいときは、クイックノートを使いましょう。OneNoteを起動していない状態でも、瞬時にウィンドウを表示してメモを入力できます。入力した内容は「クイックノート」セクションに自動的に保存されるので、あとから確認や編集することが可能です。

① クイックノートを起動する

デスクトップを表示しておく　　　　　　1 ここをクリック　　　2 [新しいクイックノート] を クリック

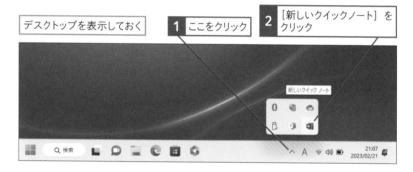

② クイックノートにメモを入力する

クイックノートが起動した

1 メモを入力　　　2 ここをクリック

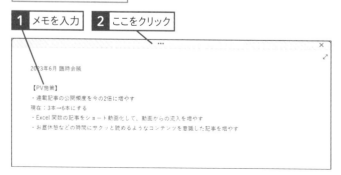

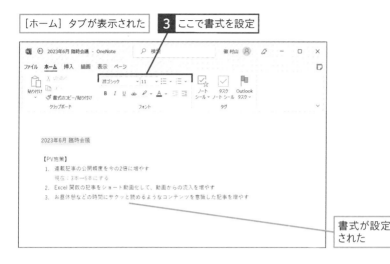

[ホーム] タブが表示された　　**3** ここで書式を設定

書式が設定された

3 クイックノートを確認する

OneNoteを表示しておく　　**1** [▼] をクリック　　**2** [クイックノート] をクリック

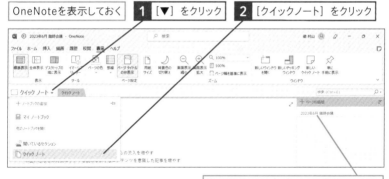

作成済みのクイックノートが表示された

ポイント

● クイックノートの右上にある [全体表示] をクリックすると、OneNoteの画面に切り替わります。

ショートカットキー

⊞ + Alt + N ……………………………………… クイックノートを表示する

関連 011 クイックノートの保存場所を設定する ……………………… P.30

特徴・基本操作

ノートの作成

図表・ファイル

ノートの整理

モバイルアプリ

活用アイデア

034 リンクノートを作成する

　WordやPowerPointなどの文書を参照しながらメモを入力するときは、リンクノートを活用しましょう。リンクノートでメモを入力すると、参照している文書へのリンクが自動で設定されます。リンクをクリックすると参照した文書が開くので、例えば「詳細はこちらを確認」といった使い方ができます。

1 リンクノートを起動する

| リンクノートに紐付けたいWordファイルを表示しておく | [校閲] タブを表示しておく | **1** [リンクノート] をクリック |

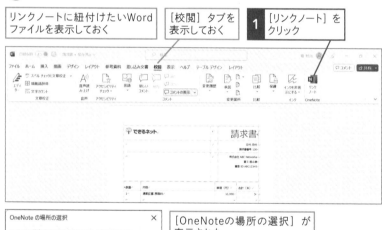

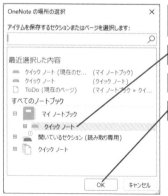

[OneNoteの場所の選択] が表示された

2 [クイックノート] をクリック

ほかのノートブックに保存もできる

3 [OK] をクリック

2 リンクノートにメモを入力する

Wordファイルの横にリンクノートが表示された ｜ **1** メモを入力する

2 [OneNoteが固定されると、リンクノートの作成が実行されます] と
表示されたら [OK] をクリック

3 リンクノートをOneNoteで確認する

OneNoteを表示しておく ｜ リンクノートにメモしたページが追加された

ここをクリックすると、参照したWordファイルが
表示される

ポイント

● 自動的にリンクが設定されるのは、WordやPowerPointのファイルと、OneNoteのペー
ジです。

特徴・基本操作

ノートの作成

図表・ファイル

ノートの整理

モバイルアプリ

活用アイデア

035 リンクの作成を中断する

NEW

リンクノートを使うとき、参照しているWord文書などへのリンクが必要ないときは、リンクの自動設定を停止しておきましょう。不要なリンクが設定されるのを防ぐことができます。リンクが自動設定されるようにしたいときは、すぐに再開できます。

ノートの作成

リンクノート

リンクノートを
表示しておく

1 [リンクノートの作成が有効です]
をクリック

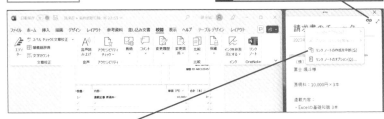

2 [リンクノートの作成中断] をクリック

[リンクノートの作成が無効です] に変わった

036 ページのリンクを解除する

NEW

　リンクノートでWord文書などに自動設定されたリンクが不要なときは、その文書へのリンクを解除しておきましょう。同じ文書へのリンクが複数ある場合、すべてのリンクが解除されるので注意してください。

リンクが設定されているページを表示しておく	**1** [リンクノートの作成が無効です]をクリック

2 [このページのリンクを解除] をクリック

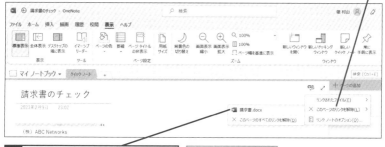

3 リンクを解除するファイルをクリック	リンクが解除される

特徴・基本操作

ノートの作成

図表・ファイル

ノートの整理

モバイルアプリ

活用アイデア

ポイント

● [このページのすべてのリンクを解除] をクリックすると、リンクページ内のすべてのリンクを一括して解除できます。

037 メールを保存する

　メールをOneNoteに送信し、メールの内容をそのままページに保存できます。使用するメールアドレスを登録しておき、既定の宛先に送信します。メールでメモを入力して送信する、受信メールをOneNoteに転送する、といった便利な使い方ができます。

▼ OneNoteにメールを保存する
https://www.onenote.com/EmailToOneNote

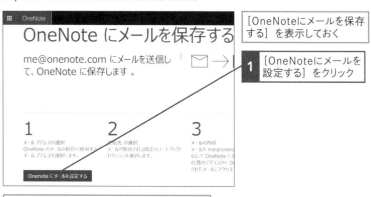

> [OneNoteにメールを保存する] を表示しておく

> 1 [OneNoteにメールを設定する] をクリック

Microsoftアカウントでサインインしておく

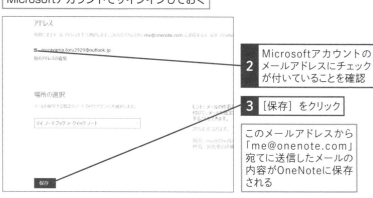

> 2 Microsoftアカウントのメールアドレスにチェックが付いていることを確認

> 3 [保存] をクリック

> このメールアドレスから「me@onenote.com」宛てに送信したメールの内容がOneNoteに保存される

第3章

図表・ファイル

さまざまな種類の情報を集約して記録

OneNoteでは、画像、Excelファイル、音声など、さまざまな種類の情報を1箇所に集めて記録できます。本章では、これらの情報をページに挿入する方法を解説しています。

☑ 画像

デスクトップ | タブレット | モバイル

038 ページに画像を挿入する

必修

図表・ファイル

画像

　ページの中に、パソコンに保存している写真やイラストなどの画像を挿入できます。資料を作成するとき、文章だけよりも、画像があると理解しやすくなります。ホワイトボードの書き込みを撮影して記録する、旅行や趣味の写真を整理するなど、いろいろな使い方ができます。

❶ [開く] ダイアログボックスを表示する

[挿入] タブを表示しておく

1 [画像] をクリック

2 [ファイルから] をクリック

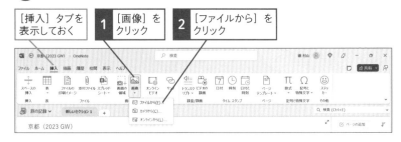

❷ 挿入したい画像を選択する

[図の挿入] ダイアログボックスが表示された

1 画像を選択

2 [挿入] をクリック

❸ 画像の大きさを変更する

画像が挿入された	画像を右クリックして [回転] → [右へ90度回転] などを選択すると、画像の向きを修正できる

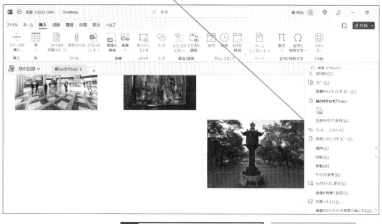

1 ハンドルにマウスポインターをあわせる	マウスポインターの形が変わった

◆ハンドル

2 そのままドラッグ

次のページに続く 〉

特徴・基本操作

ノートの作成

図表・ファイル

ノートの整理

モバイルアプリ

活用アイデア

できる | 69

④ 画像を移動する

図表・ファイル

画像

| 画像が小さくなった | **1** 画像にマウスポインターをあわせる | マウスポインターの形が変わった | ✥ |

2 そのままドラッグ

画像が移動した

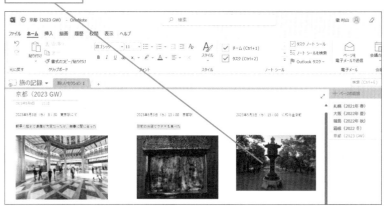

〈ショートカットキー〉

`Alt` + `N` ·······································[挿入] タブを開く

039 ドラッグ&ドロップで画像を挿入する

必修

　ページに画像ファイルをドラッグ&ドロップすると、素早く画像を挿入できます。画像ファイルをまとめたフォルダーから画像を選び、すぐにページに挿入できるので、作業効率が向上します。

> 挿入したい画像があるフォルダーを表示しておく

> **1** 画像をページ内にドラッグ

> 画像がすぐに挿入された

ポイント

● 文書ファイルなどをページに添付するときも、ドラッグ&ドロップで行うことができます。

040 画像内の文字を テキストに変換する

　画像内の文字をテキストに変換し、ノートコンテナーに取り出せます。書類や名刺の画像、Webページの画像などにある文字を、テキストとして使用したいときに役立ちます。

1 画像内の文字をコピーする

1 画像を右クリック

2 [画像からテキストをコピー] を クリック

画像内の文字がテキストとして コピーされた

② 文字を貼り付ける

1 文字を貼り付けたい場所を
右クリック

2 [貼り付け] をクリック

文字が貼り付けられた

ポイント

● ノートコンテナーに取り出されたテキストは、しばしば不要なスペースや改行が入って
います。その場合にはテキストを編集して整えましょう。

ショートカットキー

[Ctrl] + [V] ……………………………………………………………… 文字を貼り付ける

できる | 73

特徴・基本操作

ノートの作成

図表・ファイル

ノートの整理

モバイルアプリ

活用アイデア

☑ 画像

デスクトップ タブレット モバイル

041 Webカメラで撮影した画像を挿入する

図表・ファイル

画像

　パソコンのWebカメラで画像を撮影し、そのままページに挿入できます。Webカメラに写したものを、すぐに記録したいときに便利です。書類をWebカメラで撮影し、ページに記録するといった使い方ができます。

① Webカメラを起動する

[挿入] タブを表示しておく　　**1** [画像] をクリック　　**2** [カメラから] をクリック

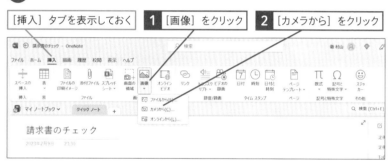

② Webカメラで撮影をする

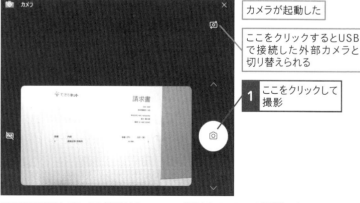

カメラが起動した

ここをクリックするとUSBで接続した外部カメラと切り替えられる

1 ここをクリックして撮影

※2023年2月現在では、この機能はOffice Insiderに提供されているベータ版機能です。

74 できる

写真を撮影できた

[撮り直し] をクリックすると前の画面に戻る

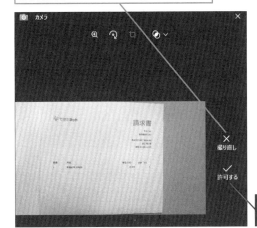

2 [許可する] を
クリック

ノートコンテナーに撮影した写真が
貼り付けられた

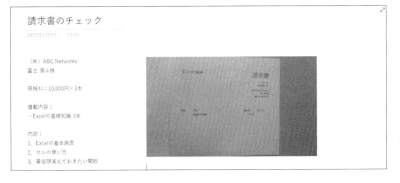

ポイント

● Webカメラはパソコンに内蔵されたものだけでなく、外部接続したWebカメラでも利用できます。
● 撮影した画像を許可してノートページに挿入する前に、回転やトリミングなどの画像編集もできます。

特徴・基本操作

ノートの作成

図表・ファイル

ノートの整理

モバイルアプリ

活用アイデア

042 インターネットから画像を挿入する

図表・ファイル

画像

　OneNoteには、インターネットから画像を検索し、ページに挿入する機能があります。検索された多くの画像の中から、使いたい画像を選んで挿入できます。手持ちの画像がなく、すぐに画像を入れたいときに便利です。

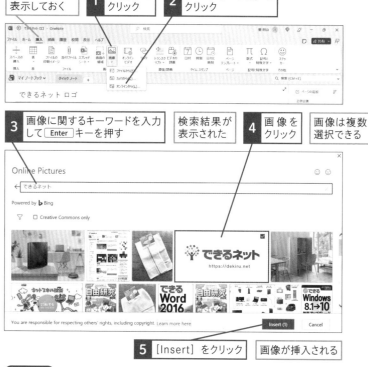

[挿入] タブを表示しておく

1 [画像] をクリック

2 [オンラインから] をクリック

3 画像に関するキーワードを入力して [Enter] キーを押す

検索結果が表示された

4 画像をクリック

画像は複数選択できる

5 [Insert] をクリック

画像が挿入される

ポイント

- Androidタブレットでは、この機能は利用できない場合があります。
- 検索結果の画像には、企業・個人が商標権や著作権を持つ製品、ロゴ、写真、イラストが含まれます。使用にあたっては、それらの権利を侵害しないよう注意が必要です。

043 スクリーンショットを撮影して挿入する

必修

画面に表示されている内容を撮影し、すぐにページに挿入できます。例えば、見ているWebページやPDFファイルの内容を挿入したい、というときに便利です。撮影するとき、挿入したい範囲だけを選択することもできます。

[挿入] タブを表示しておく | **1** [画面の領域] をクリック

エクセル関数

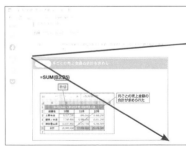

直近で開いたウィンドウが表示された

2 撮影したい範囲をドラッグ

スクリーンショットが挿入された

特徴・基本操作

ノートの作成

図表・ファイル

ノートの整理

モバイルアプリ

活用アイデア

044 ページに動画を挿入する

図表・ファイル

動画

　YouTubeなどで公開されている動画のURLを挿入すると、その動画がページに埋め込まれます。ページからすぐに動画を再生して視聴できるので、業務で参考になる動画や製品の使い方を紹介した動画など、仕事や生活で役立つものを記録しておくと便利です。

1 [オンラインビデオの挿入] を表示する

[挿入] タブを表示しておく

1 動画を挿入したいノートコンテナーをクリック

2 [オンラインビデオ] をクリック

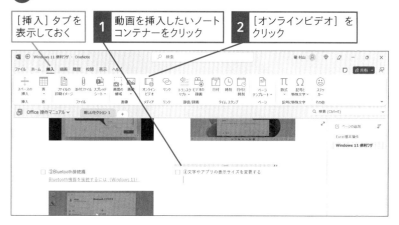

2 動画のURLを指定する

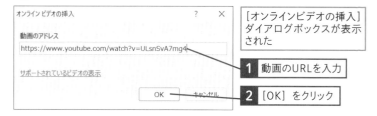

[オンラインビデオの挿入] ダイアログボックスが表示された

1 動画のURLを入力

2 [OK] をクリック

③ 挿入された動画を確認する

□ ④文字やアプリの表示サイズを変更する
文字やアプリが表示される大きさを設定するには（Windows 11）
できるネット

> 動画が挿入され、
> プレビューが表示
> された

> 写真と同様に大き
> さを変更したり移
> 動したりできる

□ ④文字やアプリの表示サイズを変更する
文字やアプリが表示される大きさを設定するには（Windows 11）
できるネット

> **1** 再生ボタンを
> クリック

> 動画が再生される

ポイント

- 動画のURLをページにそのまま貼り付けるだけでも挿入できます。
- YouTube以外にも、DailyMotion、Sway、Vimeoなどの動画にも対応しています。

関連 038 ページに画像を挿入する ……………………………………P.68

041 Webカメラで撮影した画像を挿入する ……………………P.74

042 インターネットから画像を挿入する ……………………………P.76

特徴・基本操作

ノートの作成

図表・ファイル

ノートの整理

モバイルアプリ

活用アイデア

045 ページに表を挿入する　必修

図表・ファイル

OneNoteには、表を挿入する機能があります。商品のリストや人員のグループ分けなど、表にしたほうが見やすい内容をまとめるときに利用しましょう。あとから行や列を挿入・削除することもできます。

表

[挿入] タブを表示しておく	3行×4列の表を挿入する	**1** [表]をクリック	**2** 縦に3マス、横に4マスの場所をクリック

3行×4列の表が挿入された	[表] タブが表示された	**3** 文字を入力したいセルをクリック	**4** 文字を入力

行程表（2023年 夏休み）

2023年8月1日

日時

> セルに文字が入力された

> Tab キーを押すと右の列にカーソルが移動する

046 Excelの表を貼り付ける 必修

Excelで作成した表がある場合、その表をコピーしてOneNoteのページに貼り付けましょう。Excelの表を素早く挿入できます。担当や期間などで分けているExcelのデータを、OneNoteで集約したいときにも便利です。

コピーしたいファイルをExcelで開いておく ｜ **1** 表をコピー

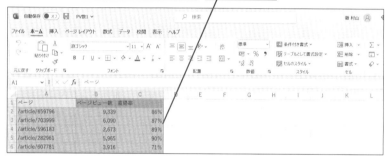

OneNoteのページを表示しておく ｜ **2** [貼り付け] をクリック

表の形式で貼り付けられた ｜ OneNoteで挿入した表と同じように編集できる

ポイント

● Excelのデータは「Excelスプレッドシート」機能で挿入することもできます。

特徴・基本操作／ノートの作成／図表・ファイル／ノートの整理／モバイルアプリ／活用アイデア

047 表のレイアウトと色を編集する

すでに配置してある表に行や列を追加・削除するときは、リボンの[表]タブを使うと便利です。セルに背景色を設定できます。内容にあわせて、表のレイアウトや色を効率よく整えましょう。

① 表の列を削除する

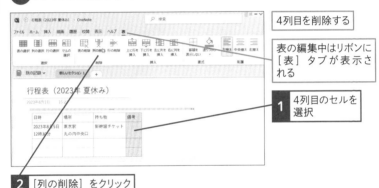

4列目を削除する

表の編集中はリボンに[表]タブが表示される

1 4列目のセルを選択

2 [列の削除]をクリック

② 表に行を追加する

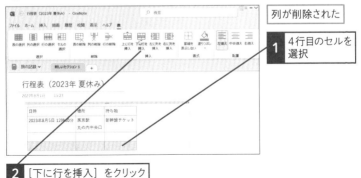

列が削除された

1 4行目のセルを選択

2 [下に行を挿入]をクリック

❸ 表のセルを塗りつぶす

| 行が挿入された | 1行目に色を付ける | **1** 1行目をドラッグして選択 |

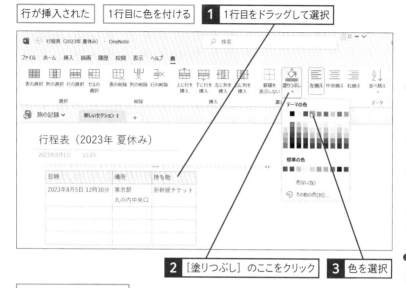

2 [塗りつぶし] のここをクリック

3 色を選択

表の1行目に色が付いた

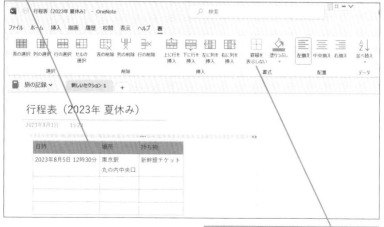

[罫線を表示しない] をクリックすると、
表の罫線を非表示にできる

関連

関連 **045** ページに表を挿入する …………………………………………P.80

特徴・基本操作

ノートの作成

図表・ファイル

ノートの整理

モバイルアプリ

活用アイデア

048 Excelスプレッドシート を挿入する

Excelのファイルをページに添付する場合、Excelスプレッドシートを選択できます。ページにワークシートが配置され、編集して上書き保存をすると、自動的に変更が反映されます。ワークシートの編集をよく行うときは、Excelスプレッドシートを挿入しておくとよいでしょう。

① ファイルを選択する

[挿入] タブを表示しておく

1 [スプレッドシート] をクリック

2 [既存のExcelスプレッドシート] をクリック

3 ファイルを選択

4 [挿入] をクリック

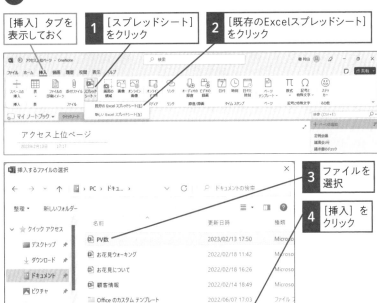

② スプレッドシートを挿入する

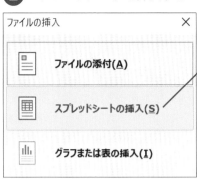

[ファイルの挿入] ダイアログボックスが表示された

1 [スプレッドシートの挿入] をクリック

スプレッドシートが挿入された

ここをダブルクリックするとExcelが起動する

アクセス上位ページ

2023年2月13日　17:17

 PV数

ページ	ページビュー数	直帰率
/article/931859	6,423	82%
/article/464689	6,987	79%
/article/121229	4,336	89%
/article/109971	2,535	93%
/article/547507	2,100	89%
/article/397318	9,263	70%
/article/695296	3,281	70%
/article/199923	3,663	92%
/article/175675	8,990	91%
/article/428791	1,614	76%
/article/631725	6,147	97%
/article/809985	7,978	86%
/article/602077	8,947	86%
/article/857392	3,124	85%

関連 049 Excel スプレッドシートを使って編集する……………………P.86
050 表を Excel スプレッドシートに変換する……………………P.87

特徴・基本操作

ノートの作成

図表・ファイル

ノートの整理

モバイルアプリ

活用アイデア

049 Excelスプレッドシートを使って編集する

Excelスプレッドシートは、Excelを使って編集できるワークシートです。ページにあるExcelスプレッドシートから、素早くExcelを起動して編集できます。上書き保存してExcelを終了すると、すぐに変更した内容がワークシートに反映されます。

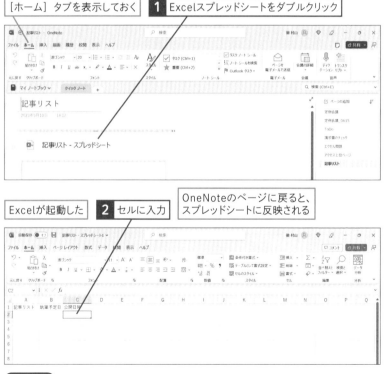

[ホーム] タブを表示しておく

1 Excelスプレッドシートをダブルクリック

Excelが起動した

2 セルに入力

OneNoteのページに戻ると、スプレッドシートに反映される

ポイント

● Excelスプレッドシートを使うには、表をExcelスプレッドシートに変換する方法や、Excelファイルを添付ファイルとして挿入する方法などがあります。

050 表をExcelスプレッドシートに変換する

ページに挿入した表をExcelスプレッドシートに変換すると、Excelのあらゆる機能を使って編集できるようになります。軽微な修正ではなく、本格的に編集して管理したいときは、表をExcelスプレッドシートに変換することを検討しましょう。

[表] タブを表示しておく

Excelスプレッドシートにしたい表を選択しておく

1 [Excelスプレッドシートに変換]をクリック

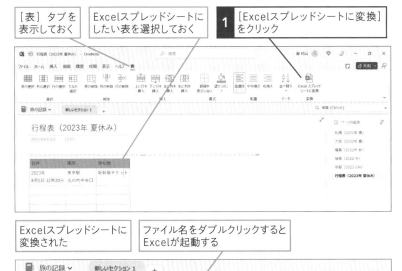

Excelスプレッドシートに変換された

ファイル名をダブルクリックするとExcelが起動する

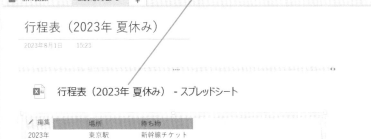

特徴・基本操作

ノートの作成

図表・ファイル

ノートの整理

モバイルアプリ

活用アイデア

051 ページにファイルを添付する

必修

OneNoteから参照したいWordやPowerPoint、PDFなどの文書ファイルがあるときは、ページに添付しておくと便利です。ページから添付したファイルを開いて、内容を確認・編集できます。資料作成やデータ集計などで、関連する複数のファイルを管理するときにも役立ちます。

① 添付したいファイルを選択する

[挿入] タブを表示しておく　　　1 [添付ファイル] をクリック

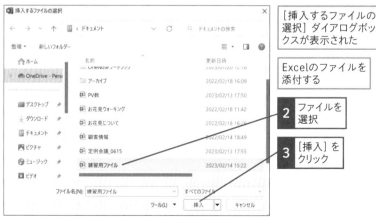

[挿入するファイルの選択] ダイアログボックスが表示された

Excelのファイルを添付する

2 ファイルを選択

3 [挿入] をクリック

2 ファイルを添付する

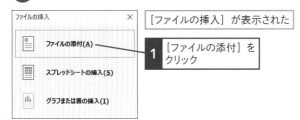

[ファイルの挿入] が表示された

1 [ファイルの添付] をクリック

ファイルが添付され、ページに表示された

2 ファイルをダブルクリック

3 添付したファイルを編集する

Excelが起動し、ファイルが開いた

編集して上書き保存すると、添付したファイルに変更内容が反映される

ポイント

- 添付したファイルは元のファイルとは別に管理されるため、添付したファイルを編集しても、元のファイルには影響ありません。
- 音声ファイルを添付すると、ページから音声を再生できます。
- 画像ファイルと同様に、ドラッグ＆ドロップで添付することもできます。

特徴・基本操作

ノートの作成

図表・ファイル

ノートの整理

モバイルアプリ

活用アイデア

052 ファイルの印刷イメージを挿入する

図表・ファイル

ファイル

　ページにWordやPowerPoint、PDFのファイルを添付するとき、その印刷イメージを挿入できます。ページ上にファイルの内容を表示しておきたいときは、この方法を使いましょう。

1 ファイルを表示する

[挿入] タブを表示しておく | 1 [ファイルの印刷イメージ] をクリック

2 ファイルを選択する

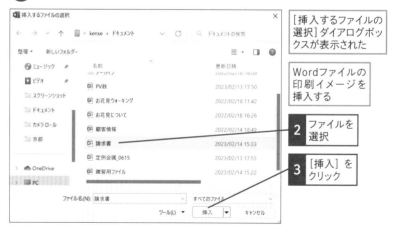

[挿入するファイルの選択] ダイアログボックスが表示された

Wordファイルの印刷イメージを挿入する

2 ファイルを選択

3 [挿入] をクリック

③ 印刷イメージが挿入された

印刷イメージが挿入された	ファイルをダブルクリックすると、Wordが起動する

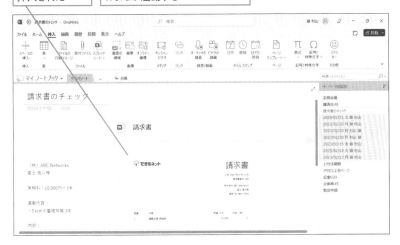

ポイント

- 添付したファイルのアイコンを右クリックして[印刷イメージの削除]を選択すると、印刷イメージが削除され、添付ファイルのアイコンだけが表示されます。印刷イメージをページから削除したいときは、この方法を使いましょう。なお、印刷イメージを選択して Delete キーを押して消すこともできますが、添付ファイルに印刷イメージの設定は残るので注意してください。
- 挿入した印刷イメージは、画像と同様に大きさや配置場所を変更できます。
- WordやPowerPoint、PDFのファイルは、[添付ファイル]ボタンをクリックし、[ファイルの挿入]ダイアログボックスから[印刷イメージ]を選択しても、印刷イメージを挿入できます。
- 印刷イメージを表示しないでファイルだけ添付している場合、添付ファイルのアイコンを右クリックして[印刷イメージとして挿入]を選択することで、印刷イメージを表示できます。

関連 048 Excel スプレッドシートを挿入する ……………………………P.84
051 ページにファイルを添付する…………………………………P.88
053 挿入した印刷イメージを編集する…………………………………P.92

特徴・基本操作

ノートの作成

図表・ファイル

ノートの整理

モバイルアプリ

活用アイデア

053 挿入した印刷イメージを編集する

ページに挿入したWordやPowerPointなどの印刷イメージは、ページからすぐに編集画面を開いて変更できます。挿入元のファイルを修正し、挿入の操作をやり直す必要はありません。編集を終えたら、変更内容を反映させるため、印刷イメージの更新を忘れずに行いましょう。

図表・ファイル

ファイル

1 Wordのファイルを編集する

| Wordのファイルを添付しておく | **1** Wordのファイルをダブルクリック |

```
請求書のチェック
2023年2月9日  23:30

                                    W  請求書

(株) ABC Networks              でるネット           請求書
冨士 颯斗様

原稿料：10,000円×3本
```

| Wordが起動した | **2** ファイルを編集 |

編集を終えたら上書き保存する

② 印刷イメージを更新する

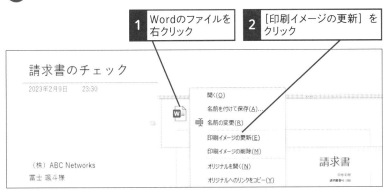

| 1 | Wordのファイルを右クリック |
| 2 | [印刷イメージの更新]をクリック |

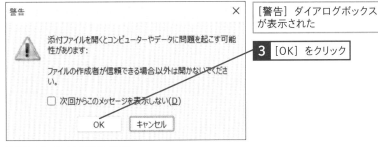

[警告] ダイアログボックスが表示された

3 [OK]をクリック

印刷イメージが更新された

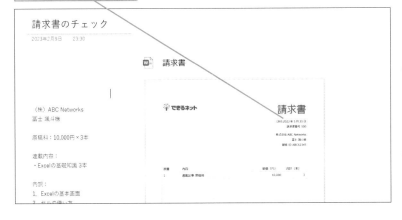

関連 052 ファイルの印刷イメージを挿入する ……………………………P.90

特徴・基本操作

ノートの作成

図表・ファイル

ノートの整理

モバイルアプリ

活用アイデア

054 添付したファイルの オリジナルを確認する

OneNoteでは、ページに添付したファイルと、元のファイルは別に管理されています。そのため、添付したファイルを編集しても、元のファイルには反映されません。添付したファイルを編集したあとで、元の内容を確認したいときは、この方法で確認しましょう。

[挿入] タブを表示しておく

1 Wordのファイルを右クリック

2 [オリジナルを開く] をクリック

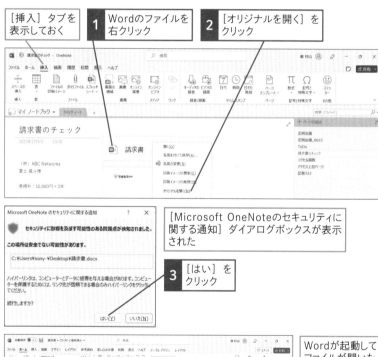

[Microsoft OneNoteのセキュリティに関する通知] ダイアログボックスが表示された

3 [はい] をクリック

Wordが起動してファイルが開いた

055 OneNoteからファイルを パソコンに保存する

ページに添付しているファイルを、パソコンに保存できます。添付したファイルを編集し、変更した内容をファイルとして保存しておきたいときに使用しましょう。

[挿入] タブを表示しておく　　　1 Wordのファイルを右クリック　　　2 [名前を付けて保存] をクリック

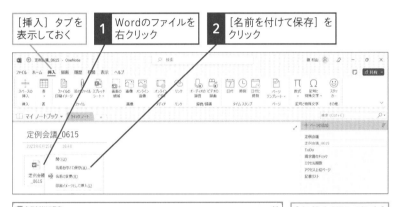

[名前を付けて保存] ダイアログボックスが表示された

3 保存場所を指定して [保存] をクリック

ファイルが保存される

056 手書きでメモをとる

必修

図表・ファイル

手書き

　マウスやデジタルペンなどを使って、ページに手書きでメモをとれます。画像にコメントを書き込む、イラストを描く、メモに強調する線を引くなど、いろいろなメモを自由自在に書くことが可能です。ペンの太さや色も幅広く選べるほか、マーカーを引くこともできます。

① ペンを選択する

[描画] タブを表示しておく　　　　　　1 ペンをクリック

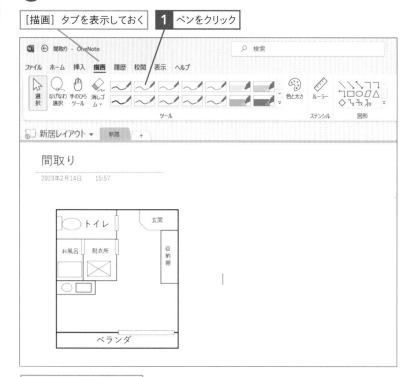

手書き入力モードになった

② 手書きでメモをとる

1	マウスをドラッグ、またはデジタルペンでなぞって文字を書く

手書きのメモが入力された

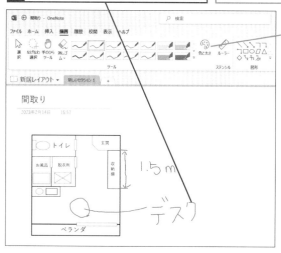

ここをクリックしてペンの色や太さを変更できる

③ 手書きの入力を終了する

テキスト入力モードに戻す

1	[選択] をクリック

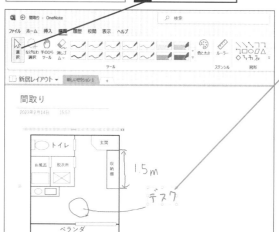

手書き入力モードが終了する

手書き文字を選択すると、画像と同様にサイズの変更や移動ができる

特徴・基本操作

ノートの作成

図表・ファイル

ノートの整理

モバイルアプリ

活用アイデア

057 手書きのメモを削除する

　手書きのメモは「消しゴム」を使って、不要な部分や間違えて記入した部分を削除できます。そのとき、1回の操作で書いた部分を消す方法と、消しゴムでなぞった部分だけを削除する方法があります。削除したい部分によって、使い分けましょう。

❶ 1回の操作で書いた部分を削除する

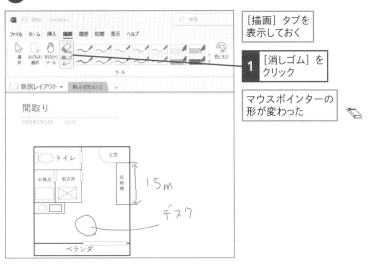

[描画] タブを
表示しておく

1 [消しゴム] を
クリック

マウスポインターの
形が変わった

最初は [消しゴム（ストローク）]
が選択される

2 消したい部分を
クリック

1回の操作で書いた部分が
削除された

② 消しゴムでなぞった部分だけを削除する

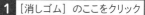

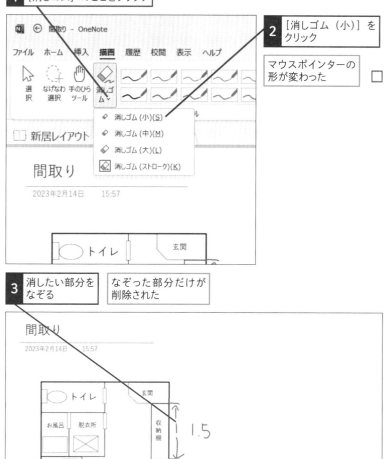

特徴・基本操作

ノートの作成

図表・ファイル

ノートの整理

モバイルアプリ

活用アイデア

1 [消しゴム] のここをクリック

2 [消しゴム（小）] をクリック

マウスポインターの形が変わった

3 消したい部分をなぞる

なぞった部分だけが削除された

ポイント

● [なげなわ選択] を使用すると、複数の手書きメモを一度に削除できます。削除のほかに、コピーや切り取りも可能です。

関連 056 手書きでメモをとる……………………………………………P.96

058 手書きのメモを テキストに変換する

　手書きしたメモにある文字を、テキストに変換できます。変換された文字は自動的にノートコンテナーに入力されて、以降は通常のテキストとして編集できるようになります。手書きしたメモをOneNoteのほかの場所や、別のアプリなどで使いたいときに便利です。

❶一括でテキストに変換する

[描画] タブを表示しておく	あらかじめ入力した手書きのメモを一括でテキストに変換する	**1** [インクをテキストに変換] をクリック

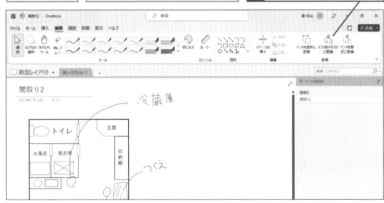

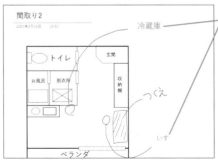

手書きのメモが一括でテキストに変換された

2 範囲を指定してテキストに変換する

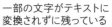

一部の文字がテキストに変換されずに残っている	1 テキストに変換したい範囲を選択	2 [インクをテキストに変換] をクリック

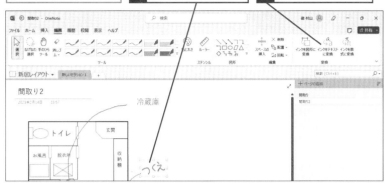

選択した範囲がテキストに変換された

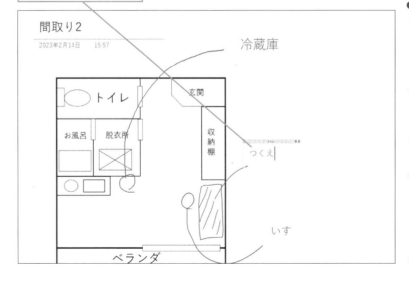

関連 056 手書きでメモをとる・・・P.96

特徴・基本操作

ノートの作成

図表・ファイル

ノートの整理

モバイルアプリ

活用アイデア

059 手書きのメモを図形に変換する

　手書きでメモするとき、[インクを図形に変換]を有効にしておくと、フリーハンドで描いた四角形、三角形、円が、自動的に整った図形に変換されます。四角形と円などを組み合わせて挿入したいとき、スピーディーに続けて描くことができて便利です。

[描画]タブを表示しておく

1 ペンをクリック

2 [インクを図形に変換]をクリック

3 手書きで図形を描く

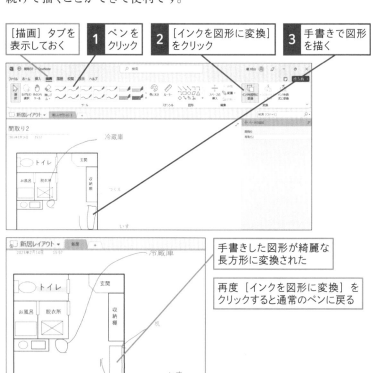

手書きした図形が綺麗な長方形に変換された

再度[インクを図形に変換]をクリックすると通常のペンに戻る

ポイント

● Androidタブレットでは、この機能は利用できない場合があります。

060 図形を挿入する

業務の流れや組織の関係などを示す図をページに入れたいときは、図形を使いましょう。直線、矢印、四角形、三角形、円などの図形を挿入できます。ほかにも、ノートコンテナーを図形で囲んで目立たせる、図形と手書きメモを組み合わせるなど、さまざまな使い方ができます。

① 図形を挿入する

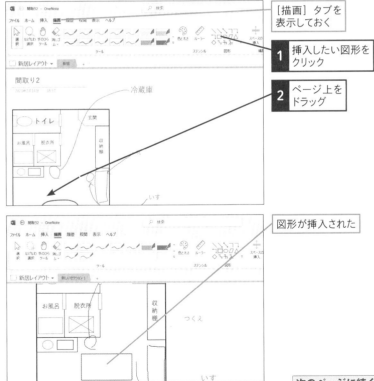

[描画] タブを表示しておく

1 挿入したい図形をクリック

2 ページ上をドラッグ

間取り2

冷蔵庫

トイレ　玄関

お風呂　脱衣所　収納棚

いす

図形が挿入された

お風呂　脱衣所　収納棚　つくえ

いす

特徴・基本操作

ノートの作成

図表・ファイル

ノートの整理

モバイルアプリ

活用アイデア

次のページに続く〉

❷ 図形の大きさを変更する

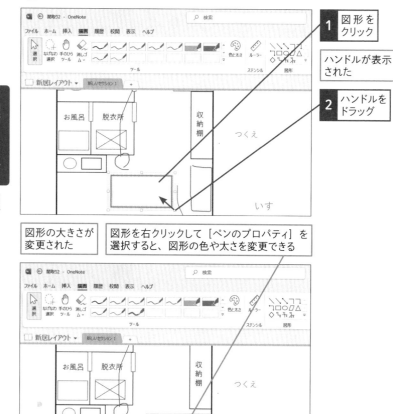

1 図形を
クリック

ハンドルが表示
された

2 ハンドルを
ドラッグ

図形の大きさが
変更された

図形を右クリックして [ペンのプロパティ] を
選択すると、図形の色や太さを変更できる

ポイント

● Androidタブレットでは、この機能は利用できない場合があります。

061 図形の重なり順を変更する

ページに図形を挿入すると、追加したものが前面に配置されて、古いものは背面に回ります。図形を重ねて配置したとき、前面に配置したいものが背面にあるときは、この方法で重なり順を変更しましょう。反対に、前面に配置されているものを背面に移動することもできます。

1 図形を選択して右クリック

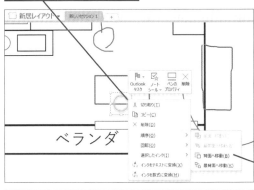

2 [順序] → [背面へ移動] の順にクリック

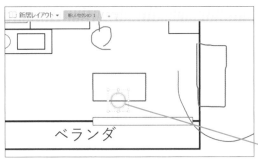

図形が背面に移動した

ポイント

● ノートコンテナーや手書きしたメモも重ねて配置し、重なり順を変更できます。

062 音声を録音しながらメモをとる

　OneNoteでは、パソコンのマイクで音声を録音しながら、テキストでメモを入力できます。会議や打ち合わせの内容を、音声ファイルで記録しておきたいときに便利です。また、録音中に要点をテキストで入力しておくと、あとで音声を再生するとき、テキストを入力した時点の音声を再生できます。

1 音声の録音を開始する

[挿入] タブを表示しておく	**1** [オーディオの録音] をクリック

[OneNoteによるマイクへのアクセスを許可しますか?] と
表示されたら [はい] をクリックする

録音が開始された	[再生] タブが表示された	音声ファイルが添付された

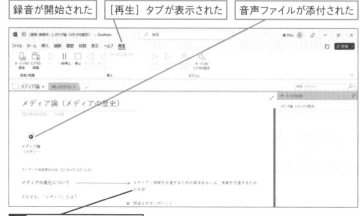

2 録音しながら文字を入力

2 録音を終了する

| 1 [停止] をクリック | 録音が終了した |

3 録音した音声を最初から再生する

| 1 [再生部分を表示] をクリック |

| 音声が最初から
再生された | [巻き戻し] などをクリックして
音声を聞き直せる |

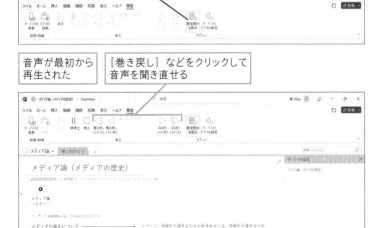

次のページに続く

特徴・基本操作

ノートの作成

図表・ファイル

ノートの整理

モバイルアプリ

活用アイデア

④ メモと連携して音声を再生する

「間違えやすいポイント：」と入力したときに録音された音声を再生する	**1** 「間違えやすいポイント：」にマウスポインターをあわせる

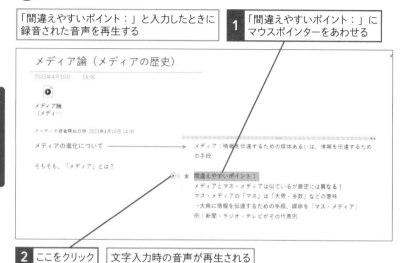

2 ここをクリック | 文字入力時の音声が再生される

ポイント

● 保存済みの音声ファイルを、文書ファイルと同じようにページに添付できます。
● iPadとスマートフォンでも録音ができますが、メモとの同期は行われません。

ショートカットキー

[Ctrl] + [Alt] + [A] …………………………………………………	録音を開始する
[Ctrl] + [Alt] + [S] …………………………………………………	録音を停止する
[Ctrl] + [Alt] + [P] …………………………………………………	選択した音声を再生する
[Ctrl] + [Alt] + [T] …………………………………………………	5分戻す
[Ctrl] + [Alt] + [Y] …………………………………………………	15秒戻す
[Ctrl] + [Alt] + [U] …………………………………………………	15秒進む
[Ctrl] + [Alt] + [I] …………………………………………………	5分進む

図表・ファイル　オーディオ／トランスクリプト

063 音声を文字起こしする (トランスクリプト)

NEW

会議や打ち合わせの内容などを音声で記録するとき、「トランスクリプト」機能が便利です。録音中は音声を自動的にテキストで記録し、録音が完了したら音声ファイルへのリンクと一緒にページに挿入できます。また、過去に録音した音声ファイルの文字起こしもできます。

特徴・基本操作

ノートの作成

図表・ファイル

ノートの整理

モバイルアプリ

活用アイデア

❶ トランスクリプトを起動する

[挿入] タブを表示しておく

1 [トランスクリプト] → [トランスクリプト] の順にクリック

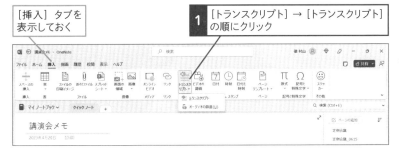

右端に [Transcribe] が表示された ｜ ここで言語を変更できる

2 [録音を開始] をクリック ｜ 既存の音声ファイルもアップロードできる

次のページに続く

※2023年2月現在では、この機能はOffice Insiderに提供されているベータ版機能です。

② トランスクリプトを作成する

録音が開始された

1 [今すぐ保存してトランスクリプトを作成] をクリック

録音が停止された **2** ここをクリック

話者を設定する

3 話者の名前を入力

トランスクリプトに誤りがあった場合、直接修正することもできる

4 [✓]をクリック

図表・ファイル　オーディオ／トランスクリプト

❸ トランスクリプトをページに挿入する

話者が設定された

1 [+] をクリック

録音内容がページに挿入された

[×] をクリックするとトランスクリプトを終了する

[ページに追加] をクリックすると、すべてのトランスクリプトをページに追加できる

ポイント

● 会話を録音中は [Transcribe] を開いたままにしておきます。

● トランスクリプトを作成すると、音声ファイルが自動的に OneDrive にアップロードされます。

● トランスクリプト機能では、複数の話者を「話者1」「話者2」などと識別し、それぞれの発言が記録されます。話者を設定することで、発言者を整理して記録できます。

● トランスクリプトの上にある [再生] ボタンなどを使うと、録音した音声とトランスクリプトを同期して再生できます。

● 既存の音声ファイルを文字起こしするときは、[録音を開始] の代わりに [音声をアップロード] をクリックします。音声ファイルが OneDrive にアップロードされるとともに、トランスクリプトが作成されます。

関連 064 音声入力機能を利用してテキストを入力する……………P.112

064 音声入力機能を利用してテキストを入力する

図表・ファイル

ディクテーション

「ディクテーション」機能を使うと、音声でテキストを入力できます。パソコンのマイクから話した内容が、すぐにノートコンテナーにテキストとして入力されます。会議や打ち合わせなどで使用すると、議事録や備忘録の作成を効率化できます。

1 ディクテーションを起動する

[ホーム] タブを表示しておく

1 [ディクテーション] をクリック

ディクテーションが有効化になり、ディクテーションパネルが表示された

※2023年2月現在では、この機能はOffice Insiderに提供されているベータ版機能です。

② 音声でテキストを入力する

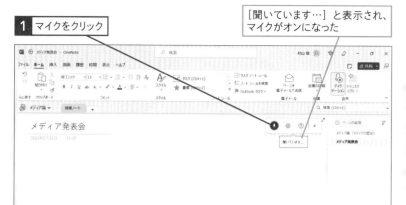

1 マイクをクリック

[聞いています…] と表示され、
マイクがオンになった

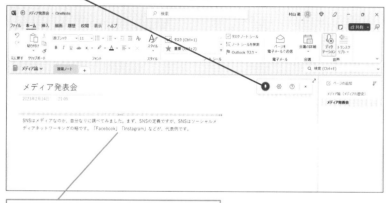

2 マイクをクリック | マイクがオフになった

音声がテキストに変換され、ノートコンテナーに
入力された

ポイント

● 「ディクテーション」機能では音声ファイルは保存されません。音声も保存しておきたいときは「トランスクリプト」機能を使いましょう。

次のページに続く 〉

特徴・基本操作

ノートの作成

図表・ファイル

ノートの整理

モバイルアプリ

活用アイデア

ディクテーション機能を上手く活用するコツ

　ディクテーション機能では、発音することで、句読点や改行なども入力できます。例えば、「おはようございます。」と入力したい場合は、「おはようございますくてん」と発音します。しっかり認識されるように、ゆっくり話すのが上手く入力できるコツです。

●句読点と主な記号のコマンド一覧

語句	出力
読点	、
句点	。
クエスチョンマーク、疑問符	?
改行	(改行)
びっくりマーク、感嘆符	!
ハイフン	-
二重かぎかっこ開く、左二重かぎかっこ	『
二重かぎかっこ閉じる、右二重かぎかっこ	』
かぎかっこ開く、左かぎかっこ	「
かぎかっこ閉じる、右かぎかっこ	」
角かっこ開く、左大かっこ	[
角かっこ閉じる、右大かっこ	]
かっこ開く、左かっこ	(
かっこ閉じる、右かっこ	)
セミコロン	;
新しい段落	(段落が変わる)
三点リーダー	…
アット記号、アットマーク	@
アスタリスク	*
度記号	°
アンパサンド、アンド記号	&

●数学のコマンド一覧

語句	出力
番号記号	＃
プラス記号	＋
マイナス記号	－
等号	＝
パーセント記号	％
プラスマイナス	±
小なり記号	＜
大なり記号	＞

●通貨のコマンド一覧

語句	出力
ドル記号	＄
ポンド記号	£
ユーロ記号	€
円記号	￥

特徴・基本操作

ノートの作成

図表・ファイル

ノートの整理

モバイルアプリ

活用アイデア

ポイント

● 音声が認識されないときは、マイクの設定を確認しましょう。ディクテーションパネルにある歯車のアイコンをクリックし、[ディクテーションの設定] 画面で正しいマイクが設定されているかどうかを確認します。

● 会議などでディクテーション機能を使った場合、句読点や改行のない文章としてテキストが入力されていきます。発言が途切れたとき、キーボードから Enter キーを押して改行すると、あとから確認しやすくなります。

● 周辺の環境音によっては、発言が正しく入力されない場合があります。その場合は、外部からの干渉が少ない静かな場所に移動しましょう。

関連 **063** 音声を文字起こしする（トランスクリプト）·················· P.109

065 Webページの内容を さまざまな形式で保存する

　OneNoteの拡張機能「OneNote Web Clipper」では、Webページの内容を保存するとき、保存形式を「全体」「領域」「記事」「ブックマーク」から選択できます。「全体」を選んだ場合、Webページの内容がそのまま保存されます。「領域」はドラッグして選択した範囲、「記事」は文章や画像だけ、「ブックマーク」はタイトル、URL、はじめの文章が保存されます。形式を使い分けることで、記録したい内容を効率よく保存できます。Webページを保存する機会が多いときに便利な機能です。

▼ OneNote Web Clipperのインストール
https://www.onenote.com/clipper

1 ClipperのWebページを表示する

Microsoft EdgeにClipper を追加する	[OneNote Web Clipperのインストール] を表示しておく

> **1** [Microsoft Edge用 OneNote Web Clipperを入手] をクリック

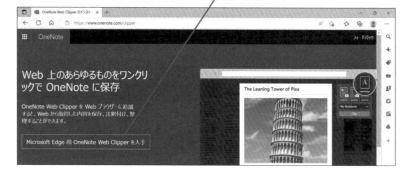

② Clipperをインストールする

[Microsoft Edge アドオン] が
表示された

1 [インストール] を
クリック

③ Clipperを拡張機能として追加する

1 [拡張機能の追加]
をクリック

[OneNote Web Clipperを使用する準備ができました]
と表示された

Clipperがインストール
された

次のページに続く〉

特徴・基本操作

ノートの作成

図表・ファイル

ノートの整理

モバイルアプリ

活用アイデア

④ Clipperを使用する

保存したいWebページを
表示しておく

1 ここをクリック

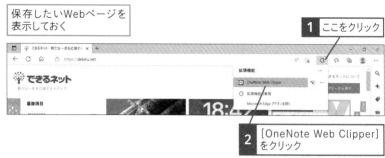

2 [OneNote Web Clipper]
をクリック

3 [Microsoft アカウントで
サインイン] をクリック

メールアドレスとパスワードで
サインインしておく

4 保存したいノートブックや
セクションを選択

5 [クリップ] を
クリック

Webページ全体がクリップされる

066 入力した数式を計算する

　ページにテキストで数式を入力すると、すぐに計算結果が入力されます。自分で計算する手間が省けて、とても便利です。四則演算や累乗・階乗の計算が可能で、Excelと同様の関数も使えます。

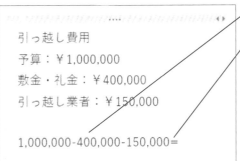

1 数式を入力

2 「=」を入力して Enter キーを押す

計算結果が表示された

特徴・基本操作

ノートの作成

図表・ファイル

ノートの整理

モバイルアプリ

活用アイデア

ポイント

● 数式内の数値や演算子、関数の構文は、半角・全角文字のどちらでも認識されます。
● 手書きで数式を記入し、その数式を選択したうえで[描画]タブの[インクを数式に変換]をクリックすると、手書きの数式をテキストに変換できます。

次のページに続く >

● OneNote で使える算術演算子

演算子	意味	使用例
+	加算	4+2
-	減算	5-3
	負の数	-8
*	乗算	2*2
X		7x4
/	除算	9/3
%	パーセンテージ	30%
^	累乗	2^4
!	階乗	4!

● OneNote で使える関数

関数	意味	構文
ABS	絶対値を求める	ABS (数値)
ACOS	逆余弦 (アーク・コサイン) を求める	ACOS (数値)
ASIN	逆正弦 (アーク・サイン) を求める	ASIN (数値)
ATAN	逆正接 (アーク・タンジェント) を求める	ATAN (数値)
COS	余弦 (コサイン) を求める	COS (数値)
DEG	ラジアンを度に変換する	DEG (角度)
LN	自然対数を求める	LN (数値)
LOG	自然対数を求める	LOG (数値)
LOG2	二進対数を求める	LOG2 (数値)
LOG10	常用対数を求める	LOG10 (数値)
MOD	余りを求める	(数値) MOD (除数)
PI	円周率 π の近似値を求める	PI
PHI	黄金比の近似値を求める	PHI
PMT	ローンの返済額を求める	PMT (利率 ; 期間内支払回数 ; 現在価値)
RAD	度をラジアンに変換する	RAD (角度)
SIN	正弦 (サイン) を求める	SIN (角度)
SQRT	平方根を求める	SQRT (数値)
TAN	正接 (タンジェント) を求める	TAN (数値)

第**4**章

ノートの整理

記録した情報を効率的に管理

OneNoteに記録した情報は、整理することで有効に活用できます。本章では記録したメモを使いやすく整理する方法や、ほかの人と共有する方法などを解説しています。

067 ページを移動・コピーする

必修

　ページの移動やコピーによって、効率的にノートブックを使用できます。まず、セクション内にあるページを移動し、使いやすい順に並べ替えましょう。ページが増えたら、別のセクションやノートブックに移動して分類します。ページのコピーは、既存のページを再利用するときに便利です。

1 [ページの移動またはコピー] を表示する

[表示] タブを表示しておく

1 ページ名を右クリック

2 [移動またはコピー] をクリック

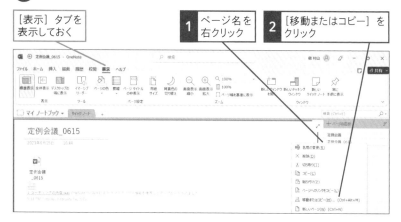

2 移動先のノートブックを表示する

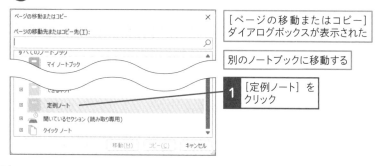

[ページの移動またはコピー] ダイアログボックスが表示された

別のノートブックに移動する

1 [定例ノート] をクリック

③ ノートブックとセクションを選択する

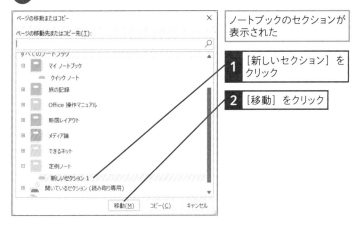

ノートブックのセクションが
表示された

1 [新しいセクション] を
クリック

2 [移動] をクリック

④ ページが別のノートブックに移動する

ページが移動した

特徴・基本操作

ノートの作成

図表・ファイル

ノートの整理

モバイルアプリ

活用アイデア

ポイント

● セクションのタブにページをドラッグして、別のセクションに移動することもできます。
同様にページをコピーするときは、Ctrl キーを押しながらドラッグします。

068 ページを並べ替える

ノートの整理　ページ

　セクション内のページを、メニューから「アルファベット順」「作成日」「更新日」を選んで並べ替えることができます。例えば、ページを作成した順に確認したいとき、「作成日」の古い順に並べると便利です。なお、手動でページを移動するときは「なし」を選択しておく必要があります。

並べ替えをしたいセクションを開いておく	**1** [ページを並べ替える] をクリック

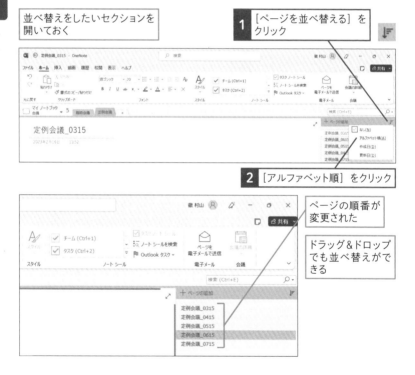

2 [アルファベット順] をクリック

ページの順番が変更された

ドラッグ&ドロップでも並べ替えができる

ポイント

● 並べ替え前の順番に戻すには、手動で並べ替える必要があります。あらかじめ元の順番を控えておきましょう。

069 ページを削除する

ノートブックを整理するとき、不要なページは削除しましょう。その際、削除したページは「ごみ箱」に移動し、すぐに完全に削除されるわけではありません。機密性の高い内容を記載しているノートを削除するときは、注意しましょう。

1 ページ名を右クリック

2 [削除]を クリック

ページが削除された

〈ショートカットキー〉

Delete ……………………………………………… ページを削除する

特徴・基本操作

ノートの作成

図表・ファイル

ノートの整理

モバイルアプリ

活用アイデア

070 削除したページを元に戻す

必修

削除したページやセクションは、いったん「ごみ箱」に移動し、60日後に完全に削除されるまでは残っています。誤って削除してしまったページがごみ箱にあれば、指定した場所に復元できます。

ノートの整理 ページ

1 [ごみ箱] を表示する

[ごみ箱] から取り出したいノートを開いておく	1 ノートブック名を右クリック	2 [ノートブックのごみ箱] をクリック

2 ページの復元先を指定する

[ごみ箱] の [削除されたページ] が表示された	1 ページ名を右クリック	2 [移動またはコピー] をクリック

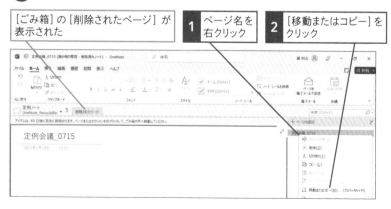

❸ ページを復元する

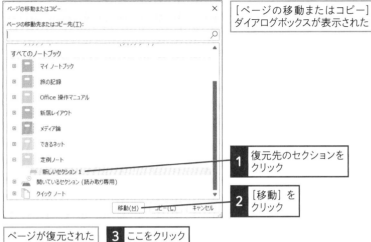

[ページの移動またはコピー]
ダイアログボックスが表示された

1	復元先のセクションをクリック
2	[移動] をクリック

ページが復元された　| 3 | ここをクリック

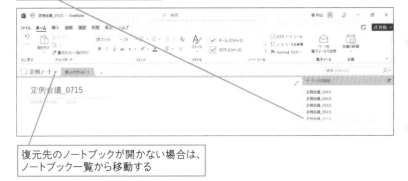

復元されたページが表示された

復元先のノートブックが開かない場合は、
ノートブック一覧から移動する

関連 069 ページを削除する…………………………………………… P.125

特徴・基本操作

ノートの作成

図表・ファイル

ノートの整理

モバイルアプリ

活用アイデア

071 ページの内容を復元する

ノートの整理 ページ

OneNoteでは、以前に編集した過去のページの内容が「バージョン」として保存されています。残しておくべき情報がなくなっていたときなど、ページのバージョンに残っていれば復元できます。

① ページのバージョンを表示する

1	ページ名を右クリック
2	[ページのバージョンを表示] をクリック

2 復元するバージョンを選択する

| [ページのバージョン]
が表示された | **1** 復元したいバージョンを
右クリック | **2** [バージョンの復元]
をクリック |

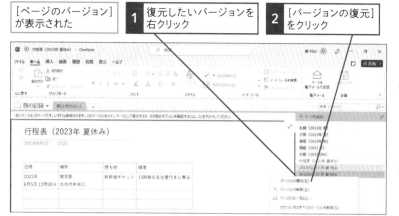

ページの内容が復元された

ポイント

● ほかの人と共有している場合でもページの内容が復元されます。ほかの人が編集中でないかを確認したうえで、復元を行いましょう。

● 復元前と差分がある箇所は緑色でハイライトされます。

● ページが復元できないときに備えて、ノートブックのバックアップをこまめに実施しましょう。

関連 095 ページを PDF ファイルとして保存する‥‥‥‥‥‥‥‥‥‥‥P.160
        099 ページのコピーをメールで送信する ‥‥‥‥‥‥‥‥‥‥‥P.167

072 ページに背景色を設定する

ノートの整理　ページ

　ページの背景は基本的に白色ですが、別の色に変更できます。内容にあわせて分かりやすい色を選択しましょう。重要なページに色を付けるなど、自分で色分けのルールを決めて使うと便利です。

[表示] タブを表示しておく　　**1** [ページの色] をクリック　　**2** 色を選択

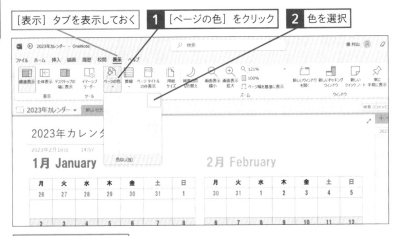

ページの色が設定された

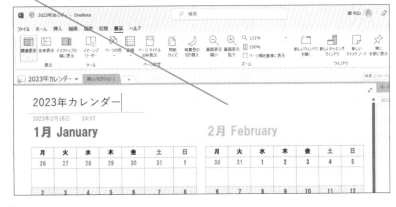

073 ページに罫線を表示する

必修

ページの背景に、横罫線やマス目状の罫線を引けます。ノートコンテナーや図形などの配置を整えるときに便利です。なお、罫線は印刷されるので、印刷したくないときは非表示に切り替えましょう。

特徴・基本操作

ノートの作成

[表示] タブを表示しておく　　**1** [罫線] のここをクリック　　**2** 罫線を選択

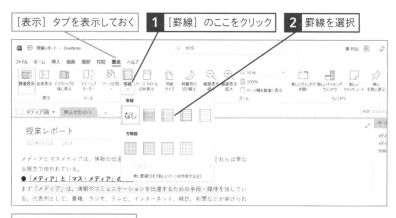

図表・ファイル

ノートの整理

ページに罫線が表示された

モバイルアプリ

活用アイデア

ショートカットキー

`Ctrl` + `Shift` + `R` ………………………………… 罫線の表示・非表示を切り替える

074 ページを階層化する

ノートの整理 ページ／セクション

　　ページは階層化して、主とするページの下に関連するサブページを置く、といった使い方ができます。ただし、あまり複雑な構成になると管理しにくくなるので注意しましょう。

このページを前のページの サブページにする	**1** ページ名を 右クリック	**2** [サブページにする] を クリック

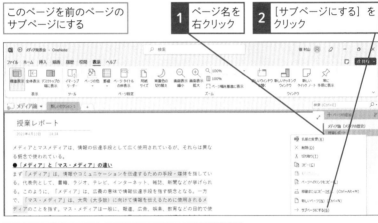

サブページになった	サブページの行頭が下がった

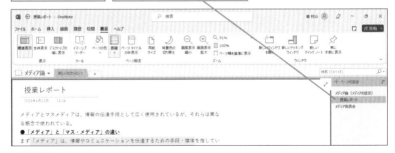

ポイント

● AndroidタブレットとAndroidスマートフォンでは、この機能は利用できない場合があります。

075 新しいセクションを追加する

　セクション内に多くのページがあると、目的のページが見つけにくくなります。そういったときは、新しいセクションを作成してページを振り分けましょう。「プレゼン」や「出張」など、分かりやすい区分でセクションを追加すると、よりページを管理しやすくなります。

1 ［+］をクリック

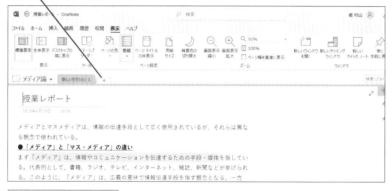

セクションが追加された

ショートカットキー

`Ctrl` + `T` ……………………………………… 新しいセクションを追加する

076 セクション名を変更する

ノートの整理

セクション

　新しくセクションを追加したときにセクション名を付けますが、ページが増えていくうちに、セクション名が適さなくなることがあります。そういったときはセクション名を変更しましょう。セクションの用途や内容にあわせて、分かりやすく簡潔な名前を付けるようにします。

1 セクション名を右クリック　　**2** [名前の変更] をクリック

3 名前を入力して Enter キーを押す　　セクション名が変更される

077 セクションを削除する

セクションを削除すると、その中にあるページも一括して削除されます。削除したセクションは「ごみ箱」に移動しますが、必要なページまで削除しないように注意しましょう。

1 セクション名を右クリック **2** [削除] をクリック

削除の確認画面が表示された

Microsoft OneNote

⚠ このセクションを [削除済みノート] に移動しますか?

3 [はい] をクリック

はい(Y)   いいえ(N)

セクションが削除された

授業レポート

メディアとマスメディアは、情報の伝達手段として広く使用されているが、それらは異なる概念で使われている。
● 「メディア」と「マス・メディア」の違い

ポイント

● 削除したセクションは、ページと同様に[ごみ箱]から復元できます。[ごみ箱]でセクションのタブを右クリックしてから[移動またはコピー]を選択し、復元する場所を指定して移動します。

特徴・基本操作
ノートの作成
図表・ファイル
ノートの整理
モバイルアプリ
活用アイデア

078 セクションの色を変更する

　複数のセクションがあるときは、分類している情報によってセクションを色分けすると管理しやすくなります。例えば「大学の講義」はオレンジ色、「出張」には黄色などを設定します。また、「営業会議」「リーダー会議」のような関連があるセクションは同じ色にする、といった使い方もできます。

1 セクション名を右クリック　　**2** ［セクションの色］をクリック　　**3** 色を選択

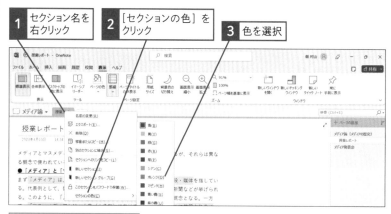

セクションの色が変更された

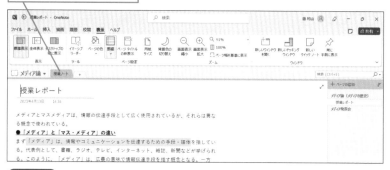

ポイント

● Androidスマートフォンでは、この機能は利用できない場合があります。

079 セクションを並べ替える

必修

セクション内にあるページを移動したのと同様に、セクションもドラッグして移動できます。もっともよく使うページを左端に置く、関連性があるセクションを隣接させるなど、使いやすい順に並べ替えましょう。

1 セクションをドラッグ

セクションが移動し、順番が変更された

特徴・基本操作

ノートの作成

図表・ファイル

ノートの整理

モバイルアプリ

活用アイデア

080 セクションを結合する

　セクションを結合すると、2つのセクションを1つにまとめられます。2つのセクションにある全ページを素早く1つのセクションに集約したいときに便利です。

① [セクションの結合] を表示する

1	セクション名を右クリック	2	[別のセクションに結合] をクリック

② セクションを結合する

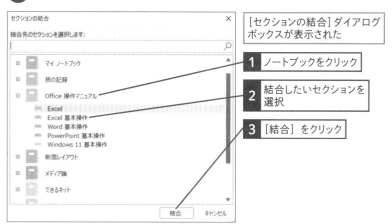

[セクションの結合] ダイアログボックスが表示された

1	ノートブックをクリック

2	結合したいセクションを選択

3	[結合] をクリック

セクションを結合する確認画面が表示された

4 [セクションの結合] を
クリック

Microsoft OneNote   ×

⚠ "Excel 基本操作" と "Excel"を結合してもよろしいですか? この操作は元に戻せません。

　　　　セクションの結合(M)　　　　キャンセル(C)

元のセクションを削除する確認画面が表示された

5 [削除] を
クリック

Microsoft OneNote   ×

⚠ 結合が完了しました。元のセクション "Excel 基本操作" を削除しますか?

　　　　削除(D)　　　　いいえ(N)

セクションが結合された　　元のセクションは削除される

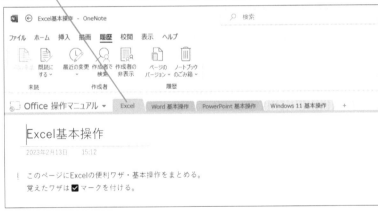

| ⬜ ← Excel基本操作 - OneNote | 🔍 検索 |

ファイル　ホーム　挿入　描画　履歴　校閲　表示　ヘルプ

既読に　最近の変更　作成者で　作成者の　ページの　ノートブック
する～　　　　　　検索　　非表示　バージョン～ のごみ箱～

未読　　　　　作成者　　　　　履歴

🔵 Office 操作マニュアル ▾　Excel　Word 基本操作　PowerPoint 基本操作　Windows 11 基本操作　+

Excel基本操作

2023年2月13日　15:12

このページにExcelの便利ワザ・基本操作をまとめる。
覚えたワザは ☑ マークを付ける。

特徴・基本操作

ノートの作成

図表・ファイル

ノートの整理

モバイルアプリ

活用アイデア

関連 067　ページを移動・コピーする…………………………………………P.122
081　セクショングループを作成する……………………………………P.140

081 セクショングループを作成する

セクショングループを使うと、セクションに階層構造を持たせて複数の
セクションを集約できます。例えば、「会議」というセクショングループを
作って、「定例会議」「臨時会議」などのセクションをまとめます。

ノートの整理

セクション

1 セクション一覧の何もない部分を右クリック

2 [新しいセクショングループ] をクリック

セクショングループが作成された

3 セクションをセクショングループにドラッグ&ドロップ

セクションがグループ化された

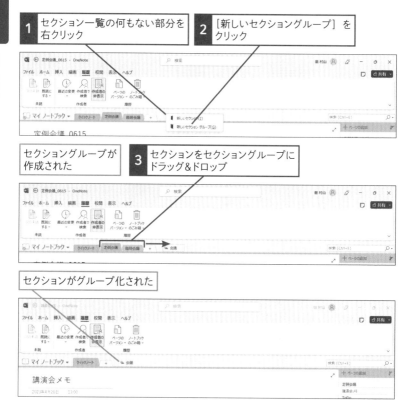

082 セクションを パスワードで保護する

セクションにパスワードを設定すると、ほかの人に情報を読み取られることを防げます。機密情報を保護したいときに使いましょう。なお、パスワードを忘れた場合、リセットする機能はありません。ロックが解除できず、データがまったく使えなくなるので注意してください。

特徴・基本操作
ノートの作成
図表・ファイル
ノートの整理
モバイルアプリ
活用アイデア

1 [パスワード保護]を表示する

1 セクション名を右クリック

2 [このセクションをパスワードで保護]をクリック

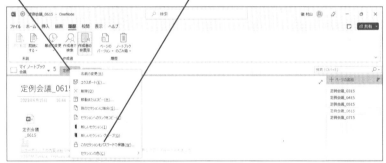

[パスワード保護]が表示された

3 [パスワードの設定]をクリック

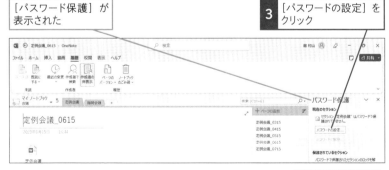

次のページに続く〉

② パスワードを設定する

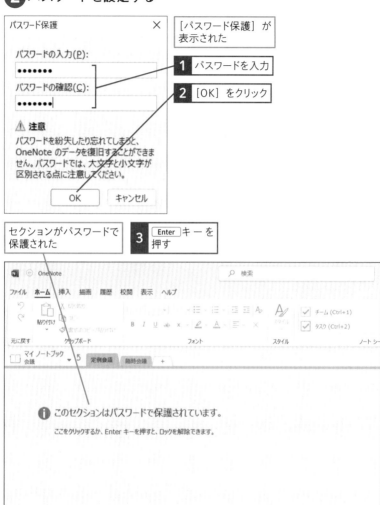

[パスワード保護] が表示された

1 パスワードを入力

2 [OK] をクリック

⚠ **注意**
パスワードを紛失したり忘れてしまうと、OneNote のデータを復旧することができません。パスワードでは、大文字と小文字が区別される点に注意してください。

セクションがパスワードで保護された

3 Enter キーを押す

ⓘ このセクションはパスワードで保護されています。

ここをクリックするか、Enter キーを押すと、ロックを解除できます。

ノートの整理　セクション

142 **できる**

3 ロックを解除する

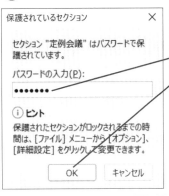

[保護されているセクション] が
表示された

1 パスワードを入力

2 [OK] をクリック

セクションのロックが解除された | セクション内のページを表示できる

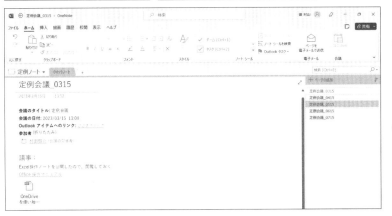

ポイント

- パスワードの大文字と小文字は区別されるので注意しましょう。
- パスワードを変更するには、同様の操作で [パスワード保護] を表示して [パスワードの変更] をクリックしましょう。

ショートカットキー

Ctrl + Alt + L …… パスワードで保護されたセクションをすべてロックする

関連 110 セクションの保護を顔認証で解除する ……………………… P.182

083 ほかのデバイスで作成したノートブックを開く

OneDriveに保存しているノートブックは、いろいろなデバイスでも開いて使えます。例えば、スマートフォンでノートブックを作成し、そのノートブックをパソコンで開くといった使い方ができます。

① ノートブックの一覧を表示する

1 ノートブック名をクリック

2 [他のノートブックを開く] をクリック

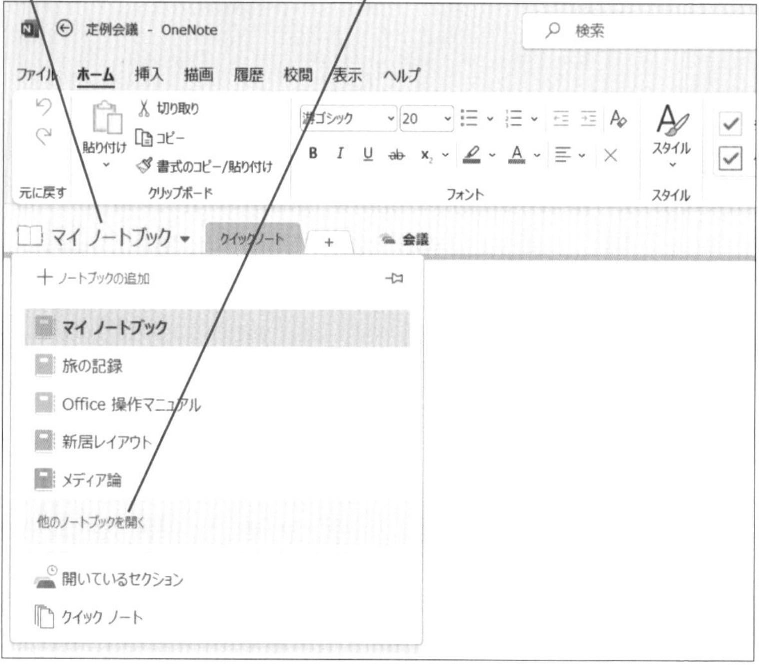

- ＋ ノートブックの追加
- 📓 マイ ノートブック
- 📘 旅の記録
- 📘 Office 操作マニュアル
- 📘 新居レイアウト
- 📘 メディア論
- 他のノートブックを開く
- 📂 開いているセクション
- 📄 クイック ノート

2 ノートブックを開く

[ノートブックを開く] が表示された　| 1 ノートブックをクリック

ノートブックが開いた

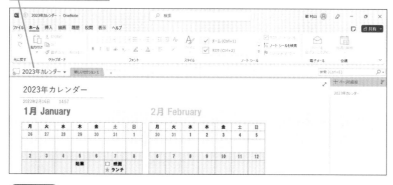

ポイント

● 閉じているノートブックも、同様の操作で開けます。

ショートカットキー

Ctrl + O ………………………………………………… ノートブックを開く

関連 086 ノートブックを閉じる ………………………………… P.148

特徴・基本操作

ノートの作成

図表・ファイル

ノートの整理

モバイルアプリ

活用アイデア

デスクトップ タブレット モバイル

084 ノートブックを 最新の状態に同期する

必修

ノートの整理 ノートブック

　パソコンやスマートフォンなど、複数のデバイスでノートブックを開いている場合、自動的に同期が行われて、どのデバイスでも同一の内容に更新されます。もし変更した内容が反映されず、更新されていないときは、手動で同期して最新の状態にしましょう。

1 ノートブック名をクリック　**2** 同期したいノートブックを右クリック　**3** [このノートブックを今すぐ同期] をクリック

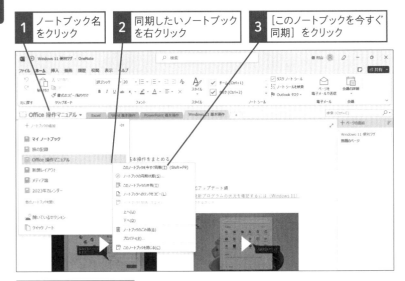

ノートブックが同期される

ショートカットキー

| Shift + F9 | ·············· 現在のノートブックを同期する |
| F9 | ·············· すべてのノートブックを同期する |

085 ノートブックの表示名を変更する

必修

ノートブック名にはファイル名が表示されますが、好きな表示名に変更できます。ノートブックの内容にあわせて、分かりやすい名前を付けましょう。

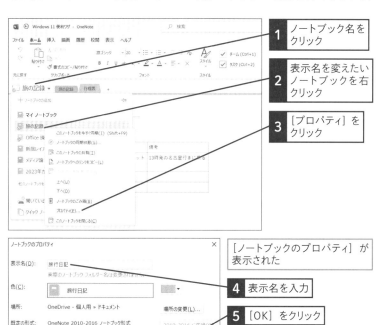

1 ノートブック名をクリック

2 表示名を変えたいノートブックを右クリック

3 [プロパティ] をクリック

[ノートブックのプロパティ] が表示された

4 表示名を入力

5 [OK] をクリック

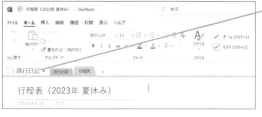

表示名が変更された

行程表（2023年 夏休み）

086 ノートブックを閉じる

ノートの整理

ノートブック／ウィンドウ

　OneNoteを使っていると、ノートブックの数が増えていきます。多くのノートブックを開いていると、使いたいセクションやページのあるノートブックがどれか、使い分けるのが難しくなります。あまり使わないノートブックは閉じておき、よく使うものだけを開いておきましょう。

| 1 | ノートブック名をクリック | 2 | 閉じたいノートブックを右クリック | 3 | [このノートブックを閉じる]をクリック |

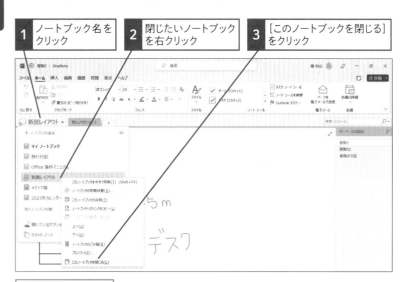

ノートブックが閉じた

087 新しいウィンドウを開く

新しいウィンドウを開くことで、複数のOneNoteのウィンドウを表示できます。複数のページを同時に確認する、別のページを参照しながらメモを入力する、といった作業で活用しましょう。

[表示] タブを表示しておく｜**1** [新しいウィンドウを開く] をクリック

新しいウィンドウが開いた｜複数のページを同時に表示して作業できる

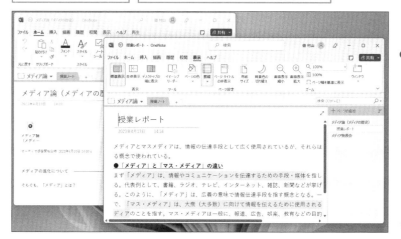

ショートカットキー

[Ctrl] + [M] ……………………………………………………新しいウィンドウを開く

088 デスクトップの端にページを固定して表示する

ノートの整理

ウィンドウ

いつでも、すぐにメモできるように、デスクトップ画面の右端にページを固定して表示できます。別の作業に取り組みながら、並行して考えやアイデアなどをメモしたいときに便利です。

① デスクトップの端に表示する

［表示］タブを表示しておく　　　**1** ［デスクトップの端に表示］をクリック

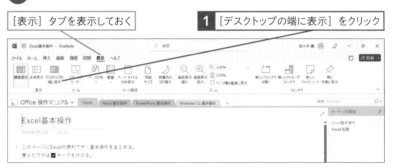

ウィンドウが右端に固定表示された　　ほかのウィンドウを開きながらメモできる

2 ウィンドウを移動する

1 […] の部分を左端にドラッグ

| ウィンドウが左端に移動した | ウィンドウは上下左右の端に固定できる |

ポイント

● 端に表示されるページは、自動的にリンクノートになります。

関連 034 リンクノートを作成する ……………………………… P.62

特徴・基本操作

ノートの作成

図表・ファイル

ノートの整理

モバイルアプリ

活用アイデア

089 ほかのページへのリンクを挿入する

必修

ページのリンクを挿入すると、ページをワンクリックで切り替えできます。関連性のあるページをリンクでつないでおけば、作業の効率化を図れます。

1 ページのリンクをコピーする

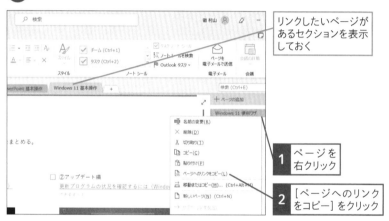

リンクしたいページがあるセクションを表示しておく

1 ページを右クリック

2 [ページへのリンクをコピー] をクリック

2 ページへのリンクを貼り付ける

リンクがコピーされた

[ホーム] タブを表示しておく

リンクを貼り付けたいページを表示しておく

1 [貼り付け] をクリック

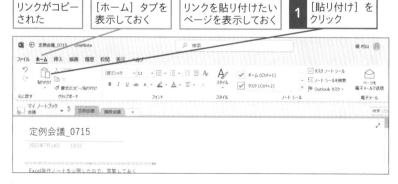

❸ リンクの動作を確認する

リンクがノートコンテナーに
貼り付けられた

1 リンクをクリック

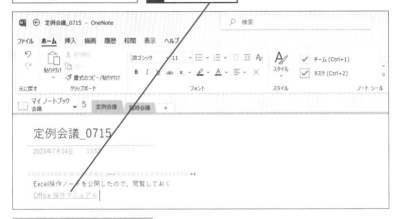

リンク先のページが表示された

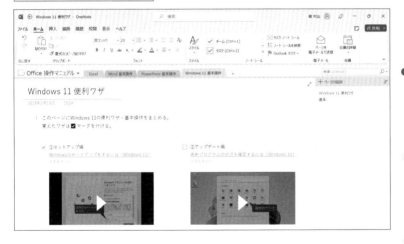

特徴・基本操作

ノートの作成

図表・ファイル

ノートの整理

モバイルアプリ

活用アイデア

ポイント

- ページだけでなく、ノートブックやセクションにもリンクできます。
- ページのノートコンテナー内を右クリックすると、特定の段落にもリンクできます。
- Ctrl + K キーを押すと、ダイアログボックスからページなどへのリンクを挿入できます。

090 テンプレートを設定する

ノートの整理

テンプレート／検索

　ページには、デザインやレイアウトが適用されている「テンプレート」が用意されています。定例会議の議事録のように、同じひな型でデータを入力するとき、テンプレートを使うと便利です。オリジナルのテンプレートを登録し、使用もできます。

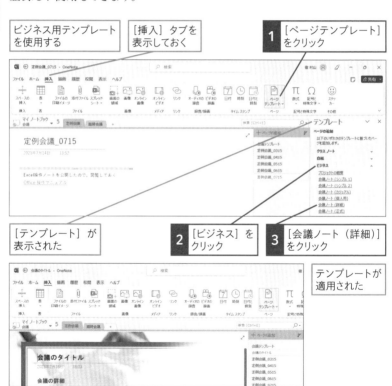

| ビジネス用テンプレートを使用する | [挿入] タブを表示しておく | **1** [ページテンプレート]をクリック |

| [テンプレート] が表示された | **2** [ビジネス] をクリック | **3** [会議ノート（詳細）]をクリック |

テンプレートが適用された

関連 **125** 議事録や講義ノートのフォーマットを作成する …………… P.214

091 すべてのページを 対象に検索する

どのページにメモしたのかが分からなくなったときは、検索機能を使って調べましょう。キーワードを入力し、すべてのノートブックから探し出せます。

1 キーワードを入力し、Enterキーを押す　　検索結果が表示された

2 ページ名をクリック

ページが表示された

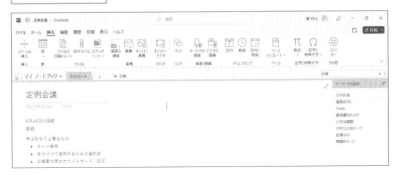

ポイント

● パスワードで保護されているセクション内のページを検索対象にするには、あらかじめセクションのロックを解除しておく必要があります。

092 検索する対象を絞り込む

　メモを検索するとき、検索する対象を「このセクション」「このノートブック」などに絞り込んで検索ができます。検索結果のページが多すぎるときは、セクションやノートブックごとに検索するとよいでしょう。

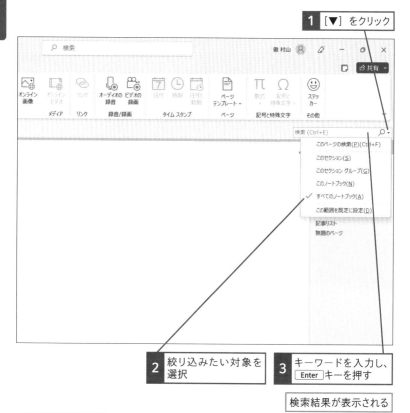

1 ［▼］をクリック

2 絞り込みたい対象を選択

3 キーワードを入力し、Enterキーを押す

検索結果が表示される

ショートカットキー

Ctrl + F ･････････････････････････････････ページ内を検索する

093 ノートシールを検索する

ノートシールの「タスク」を設定している場合、ノートシールを検索して、チェックされていないタスクを確認できます。終了していないタスクを調べるときに役立ちます。

[ホーム] タブを
表示しておく

1 [ノートシールを検索]
をクリック

[ノートシールの概要]
が表示された

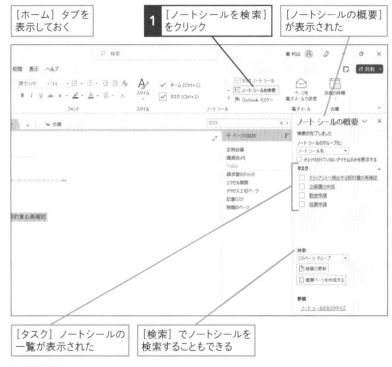

[タスク] ノートシールの
一覧が表示された

[検索] でノートシールを
検索することもできる

ポイント

- [ノートシールのグループ化]をクリックすると、「セクション」「メッセージタイトル」「日付」などでグループ分けされた検索結果が表示されます。
- [チェックされていないアイテムのみを表示する]にチェックを付けると、タスクが完了していないリストのみ表示されます。

特徴・基本操作

ノートの作成

図表・ファイル

ノートの整理

モバイルアプリ

活用アイデア

094 ページを印刷する

作成したページは、紙の資料としても活用しましょう。例えば、旅行の行程表をOneNoteでメモしておき、あとでページを印刷して配布物にする、といった使い方ができます。

1 [印刷] を表示する

印刷したいページを表示しておく　　　1 [ファイル] をクリック

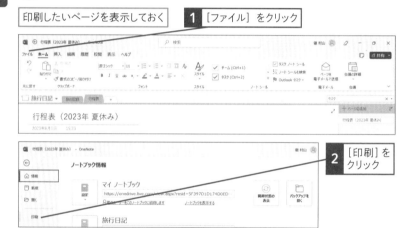

2 [印刷] をクリック

2 印刷プレビューを表示する

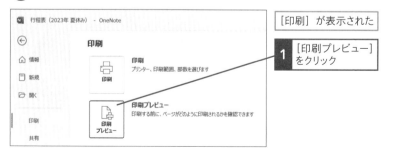

[印刷] が表示された

1 [印刷プレビュー] をクリック

❸ 印刷する色や範囲を設定する

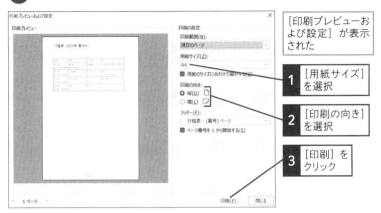

[印刷プレビューおよび設定] が表示された

1 [用紙サイズ] を選択

2 [印刷の向き] を選択

3 [印刷] をクリック

❹ 印刷を実行する

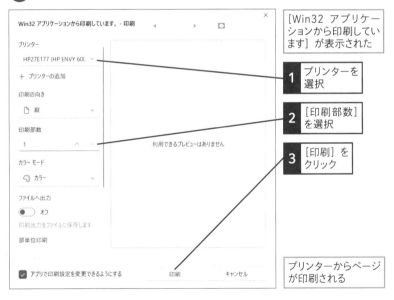

[Win32 アプリケーションから印刷しています] が表示された

1 プリンターを選択

2 [印刷部数] を選択

3 [印刷] をクリック

プリンターからページが印刷される

特徴・基本操作

ノートの作成

図表・ファイル

ノートの整理

モバイルアプリ

活用アイデア

〈ショートカットキー〉

[Ctrl]+[P] ……………………………………………………………… 現在のページを印刷する

095 ページをPDFファイルとして保存する

　ページの内容を見てもらいたい相手が、OneNoteを使っているかどうか、分からない場合があります。そういったときは、ページをPDFファイルとして保存しましょう。PDFファイルであれば、デバイスの使用環境に関わらず、誰もが同じように閲覧できます。

❶ [エクスポート] を表示する

PDFにしたいページを表示しておく	1 [ファイル] をクリック

2 [エクスポート] をクリック

② PDFをエクスポートする

[エクスポート] が表示された	ページのみエクスポートする	ページ以外にも「セクション」「ノートブック」をエクスポートできる

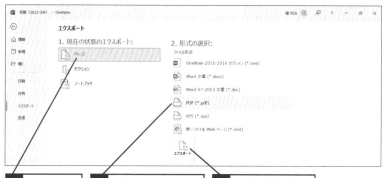

1	[ページ] をクリック
2	[PDF (*.pdf)] をクリック
3	[エクスポート] をクリック

[名前を付けて保存] ダイアログボックスが表示された	4 保存先を指定して [保存] をクリック

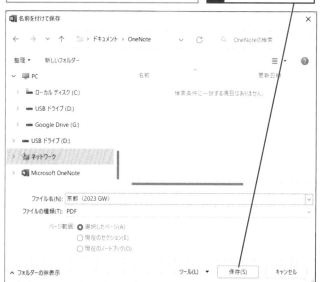

ページがPDFファイルとして保存される

特徴・基本操作

ノートの作成

図表・ファイル

ノートの整理

モバイルアプリ

活用アイデア

096 ページの内容を 音声で読み上げる

OneNoteには、テキストを音声で読み上げる「イマーシブリーダー」機能が搭載されています。ページ内のテキストが大きく表示されて、段落ごとに読み上げられていきます。文章を集中して読めるため、アクセシビリティの確保にも役立ちます。

❶ イマーシブリーダーを起動する

[表示] タブを表示しておく

1 [イマーシブリーダー] をクリック

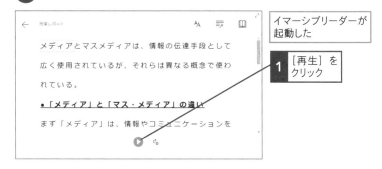

❷ ページの内容を再生する

イマーシブリーダーが起動した

1 [再生] をクリック

③ 音声を設定する

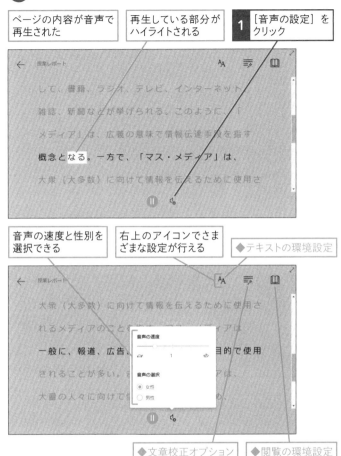

ページの内容が音声で再生された

再生している部分がハイライトされる

1 [音声の設定] をクリック

音声の速度と性別を選択できる

右上のアイコンでさまざまな設定が行える

◆テキストの環境設定

◆文章校正オプション

◆閲覧の環境設定

特徴・基本操作

ノートの作成

図表・ファイル

ノートの整理

モバイルアプリ

活用アイデア

ポイント

● [テキストの環境設定]では、テキストの大きさやフォントを変更できます。
● [文章校正オプション]では、テキストを品詞で色分けするなどの設定ができます。
● [閲覧の環境設定]では、読み上げ時にフォーカスする行数などを変更できます。
● Androidタブレットでは、この機能は利用できない場合があります。

097 Outlookの予定と連携する

Outlookの「予定表」を使っている場合、登録している予定をOneNote
でのページ作成に活用しましょう。会議の日時、参加者の名前、場所など
を入力したノートコンテナーが自動で作成され、ページを効率よく準備で
きます。また、参加者とノートブックを共有する使い方もできます。

1 [会議の詳細] を表示する

[ホーム] タブを
表示しておく

1 [会議の詳細] を
クリック

Microsoftアカウントのサインイン画面が
表示された

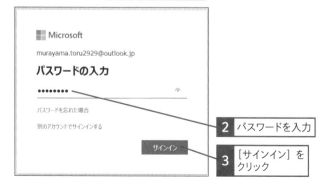

2 パスワードを入力

3 [サインイン] を
クリック

2 予定の詳細をページに挿入する

[会議の詳細] に [今日の会議] が
表示された

1 [別の日から会議を選択] を
クリック

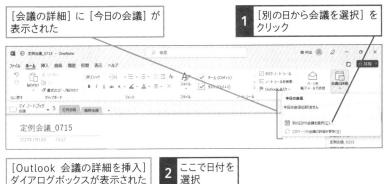

[Outlook 会議の詳細を挿入]
ダイアログボックスが表示された

2 ここで日付を
選択

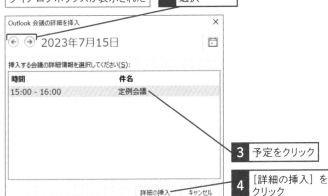

3 予定をクリック

4 [詳細の挿入] を
クリック

Outlookの予定が表示された　　予定の詳細がページに挿入された

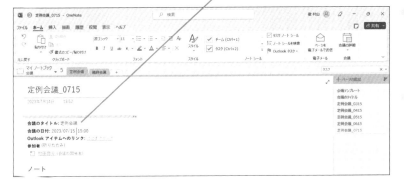

特徴・基本操作

ノートの作成

図表・ファイル

ノートの整理

モバイルアプリ

活用アイデア

098 最近使ったページを参照する

最近使ったページを参照するときは、[履歴]タブの[最近の変更]ボタンを使うと便利です。「今日」「過去7日間」などを選んで、簡単に検索できます。この検索結果を使用すれば、頻繁に更新するページもセクションをたどることなく、効率的に表示できます。

[履歴]タブを表示しておく	**1** [最近の変更]をクリック	**2** [過去7日間]をクリック

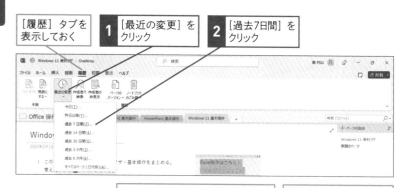

検索結果に過去7日間に変更したページの一覧が表示された	ページをクリックすると表示できる

ポイント

● パスワードで保護されているセクション内のページは表示されません。

099 ページのコピーを メールで送信する

　ページの内容を、そのままメールの本文にして送信できます。例えば、関係者にページをメールで送信して内容を確認してもらう、といった使い方ができます。文書ファイルを別で用意する手間を省き、作業を効率化できます。

[ホーム] タブを表示しておく

1 [ページを電子メールで送信] をクリック

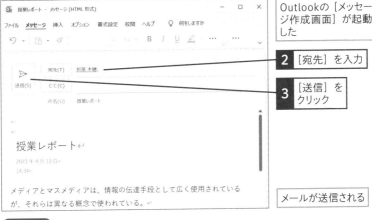

Outlookの [メッセージ作成画面] が起動した

2 [宛先] を入力

3 [送信] をクリック

メールが送信される

ポイント

● 電子メールでページを送るとき、メールの本文はHTML形式になります。
● Androidタブレットでは、この機能は利用できない場合があります。

特徴・基本操作

ノートの作成

図表・ファイル

ノートの整理

モバイルアプリ

活用アイデア

100 ほかの人と ノートブックを共有する

ノートの整理

共有

　OneDriveに保存しているノートブックは、ほかの人と共有して編集できます。プロジェクト、委員会、サークルなど、チームで情報を共有するときに役立ちます。

共有したいノートブックを開いておく

1 [共有] をクリック

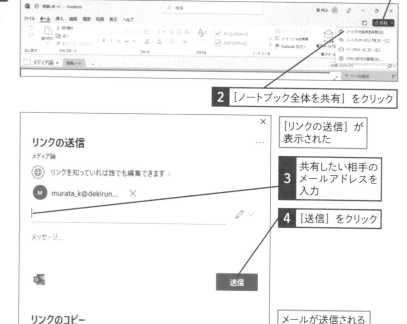

2 [ノートブック全体を共有] をクリック

[リンクの送信] が表示された

3 共有したい相手のメールアドレスを入力

4 [送信] をクリック

メールが送信される

ポイント

● ノートブックを共有した人は、そのノートブックのすべてのセクションやページを閲覧できるので、情報の管理に注意しましょう。
● AndroidタブレットとAndroidスマートフォンでは、この機能は利用できない場合があります。

101 共有された ノートブックを編集する

ノートブックを共有した人には、そのノートブックへの招待メールまたはリンクが送られてきます。ここからOneNoteで共有したノートブックを開き、いつも自分のノートブックを使っているのと同じように編集できます。

[○○さんがフォルダー"○○"をあなたと共有しました]
という件名の招待メールを開いておく

1 [開く]を
クリック

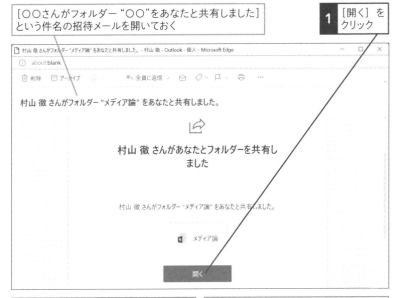

ブラウザーが起動し、Web版のOneNote
でノートブックが表示された

[編集] → [デスクトップアプリで開く]
の順にクリックするとアプリで編集できる

102 ノートブックの共有権限を変更する

ノートブックを共有する人には、ノートブックを編集できる「編集可能」か、閲覧だけ許可して編集はできない「表示のみ可能」の権限を設定します。ノートブックを共有するチーム内での立場や役割などによって使い分けましょう。

共有しているノートブックを開いておく

1 [共有] をクリック

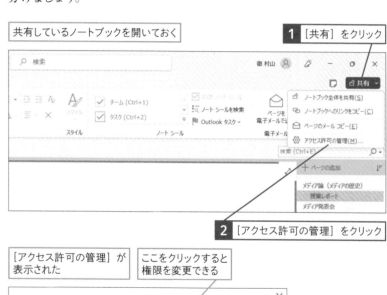

2 [アクセス許可の管理] をクリック

[アクセス許可の管理] が表示された

ここをクリックすると権限を変更できる

アクセス許可の管理

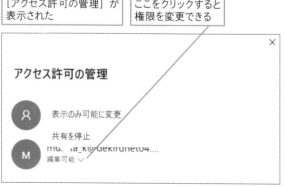

表示のみ可能に変更

共有を停止

mu、ia_k@dekiruneto4....

編集可能 ∨

ノートの整理

共有

103 ノートブックを共有する リンクを作成する

　ノートブックを共有するとき、そのノートブックにアクセスするリンクを作成し、共有する人に伝えられます。多くの人と共有したいとき、メールでリンクを一斉に知らせるときなどに役立ちます。なお、リンクが外部に漏れないように、取り扱いに注意しましょう。

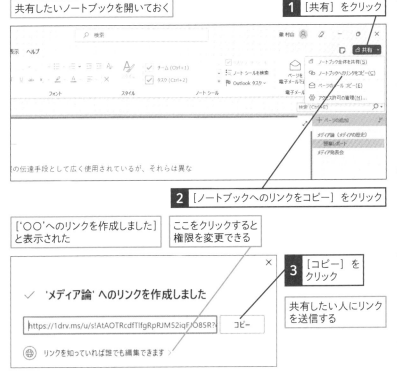

共有したいノートブックを開いておく

1 ［共有］をクリック

2 ［ノートブックへのリンクをコピー］をクリック

［'○○'へのリンクを作成しました］と表示された

ここをクリックすると権限を変更できる

✓ 'メディア論' へのリンクを作成しました

https://1drv.ms/u/s!AtAOTRcdfTlfgRpRJM52iqF)O85R?　コピー

🌐 リンクを知っていれば誰でも編集できます ＞

3 ［コピー］をクリック

共有したい人にリンクを送信する

ポイント

● AndroidタブレットとAndroidスマートフォンでは、この機能は利用できない場合があります。

特徴・基本操作
ノートの作成
図表・ファイル
ノートの整理
モバイルアプリ
活用アイデア

ノートの整理

共有

104 セクションをファイルとして共有する

　セクションはエクスポートし、ファイルとして保存できます。そして、このファイルをほかの人にメールなどで渡せば、セクションの内容を複数の人と共有できます。ノートブックではなく、セクション単位で情報共有したいときは、この方法を使いましょう。

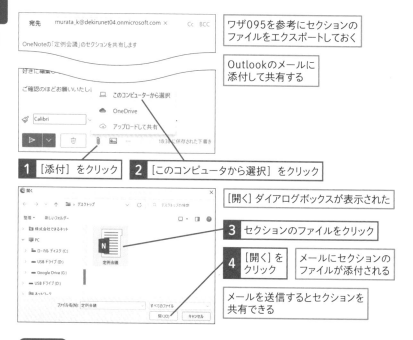

ワザ095を参考にセクションのファイルをエクスポートしておく

Outlookのメールに添付して共有する

1 [添付] をクリック

2 [このコンピュータから選択] をクリック

[開く] ダイアログボックスが表示された

3 セクションのファイルをクリック

4 [開く] をクリック

メールにセクションのファイルが添付される

メールを送信するとセクションを共有できる

ポイント

● セクションをエクスポートする方法は、ワザ095（P.160）で解説したPDFファイルの保存と同様です。[エクスポート]を表示したあと、[セクション]→[OneNote2010-2016 セクション(*.one)]→[エクスポート]の順にクリックし、ファイルの保存先を指定します。

関連 095 ページを PDF ファイルとして保存する ･･････････････････････ P.160

172 **できる**

第5章

モバイルアプリ

iPhone/Androidでいつでもノートにアクセス

手軽に携帯できるモバイルアプリは、いつでも好きなときに
使えて便利です。本章では、iPhoneを中心に、知っておくと
役立つモバイルアプリの操作を解説しています。

105 モバイルアプリの起動と初期設定

パソコンで作成したノートブックは、そのままOneNoteのモバイルアプリで利用できます。スマートフォンやタブレットにOneNoteをインストールしたあと、パソコンと同じアカウントでサインインすれば、外出先や移動中でもOneNoteを利用できるようになります。

モバイルアプリ　サインイン

1 アプリを起動する

OneNoteのiPhoneアプリをインストールしておく

ホーム画面を表示しておく　**1** [OneNote]をタップ

OneNoteが起動した　**2** [サインイン]をタップ

2 サインインする

[サインイン]が表示された　**1** Microsoftアカウントを入力

2 [次へ]をタップ

3 パスワードを入力して[サインイン]をタップ

[Microsoftはお客様のプライバシーの保護に努めています]と表示されたら[次へ]をタップする

[エクスペリエンスの強化]と表示されたら[OK]をタップする

③ ノートブックを選択する

[ノートブックの選択] が
表示された

1 開きたいノートブックを
選択

2 [OneNoteの使用開始]
をタップ

ノートブックは複数選択できる

④ ノートブックが表示された

ノートブックの一覧が表示された

[その他のノートブック] をタップする
と、ほかのノートブックを開ける

特徴・基本操作

ノートの作成

図表・ファイル

ノートの整理

モバイルアプリ

活用アイデア

106 セクションやページを確認する

　スマートフォンでは、ノートブック、セクション、ページを順に切り替えて表示します。これらの切り替えはタップするだけで、簡単に操作できるようになっています。なお、ノートブックやセクションは長押しすると、選択状態になるので注意しましょう。

1 セクションの一覧を表示する

ノートブックの一覧を
表示しておく

1 ノートブック名を
タップ

2 ページの一覧を表示する

セクションの一覧が
表示された

1 セクション名を
タップ

③ ページを表示する

ページの一覧が 表示された	**1** ページ名を タップ

< 旅の記録
　　旅の記録　　　　　　　　… 編集

ページ

札幌（2021年 春）
追加テキストはありません

大阪（2022年 夏）
追加テキストはありません

福島（2022年 秋）
追加テキストはありません

箱根（2022 冬）
追加テキストはありません

京都（2023 GW）
2023年5月3日（水）8：30　東京駅にて　朝早く…

④ ページの表示を縮小する

ページが表示 された	**1** 2本指でピンチ イン

京都（2023 GW）
2023/05/09　11:12

2023年5月3日（水）8：30　東京駅にて

朝早く起きて準備が大変だったが、無事に

⑤ ページを縮小できた

ページが縮小された

ページの内容をタップすると
編集できる

< 　　　　　　　　　　　　∀ …

京都（2023 GW）
2023/05/09　11:12

2023年5月3日（水）8：30　東京駅にて

朝早く起きて準備が大変だったが、無事に間に合った

2023年5月4日（木）13：00　再び京都駅へ

ここをタップすると 前の画面に戻る

特徴・基本操作

ノートの作成

図表・ファイル

ノートの整理

モバイルアプリ

活用アイデア

ポイント

- Androidのスマートフォンでは、画面上部で［ホーム］から［ノートブック］に切り替えてから操作します。
- タブレットでは画面の左端からノートブック、セクション、ページのタブが順に表示され、タップして切り替えができます。

107 閉じている ノートブックを開く

モバイルアプリ　ノートブック

使いたいノートブックが表示されていないときは、ノートブックが閉じているので開きましょう。パソコンで新しく作成したノートブックをスマートフォンのモバイルアプリで使うときも、まずノートブックを開く必要があります。

❶ [その他のノートブック] を表示する

ノートブックの一覧を
表示しておく

1 [その他のノートブック]
をタップ

❷ ノートブックを開く

[他のノートブックを開く] が
表示された

1 ノートブック名をタップ

ノートブックが追加された

108 ノートブックを最新の状態に同期する

ノートブックは自動的に同期されますが、モバイルアプリで最新の状態に同期する方法を知っておくと便利です。複数のデバイスでノートブックを開いているときや、ほかの人とノートブックを共有しているとき、素早く同期してページやメモなどが追加・変更されているかを確認できます。

1 ノートブックを同期する

ノートブックの一覧を表示しておく

1 画面を下にスワイプ

2 このアイコンが表示されたら指を離す

○

ノートブック

🕐 最近使ったノート

📕 マイ ノートブック

📘 定例ノート

📗 Office 操作マニュアル

📘 新居レイアウト

📗 旅の記録

📘 2023年カレンダー

その他のノートブック

2 同期が開始された

ページの同期が開始された

セクションやページの一覧、ページの内容を表示しているときにも同様に操作できる

◠

ノートブック

🕐 最近使ったノート

📕 マイ ノートブック

📘 定例ノート

📗 Office 操作マニュアル

📘 新居レイアウト

📗 旅の記録

📘 2023年カレンダー

📗 メディア論

📘 仕事の資料保管

その他のノートブック

関連 084 ノートブックを最新の状態に同期する ………………………… P.146

特徴・基本操作

ノートの作成

図表・ファイル

ノートの整理

モバイルアプリ

活用アイデア

109 セクションの保護を設定する

モバイルアプリでも、パソコンと同様、セクションにパスワードを設定できます。例えば、外出先で重要な情報をメモしたときには、その場でパスワードを設定して保護するとよいでしょう。

❶ セクションを選択する

セクションの一覧を表示しておく

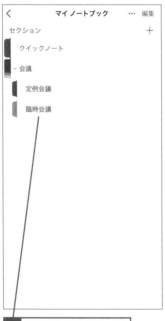

1 保護したいセクションを長押し

❷ [パスワードを保護する]を表示する

セクションが選択された

1 [セクションのロック]をタップ

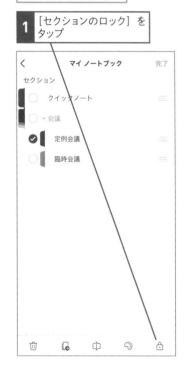

3 パスワードを設定する

[パスワード保護オプション] が
表示された

1 [このセクションを保護する]
をタップ

パスワード保護オプション

このセクションを保護する

キャンセル

[パスワード保護] が
表示された

2 パスワードを
入力

3 [完了] を
タップ

キャンセル **パスワード保護** 完了

定例会議 のパスワードを入力してください。

パスワード

確認

重要: パスワードを紛失したり忘れてしまうと、
OneNote のデータを復旧することができません。パ
スワードでは、大文字と小文字が区別される点に注

4 パスワードが設定された

セクションがロックされた

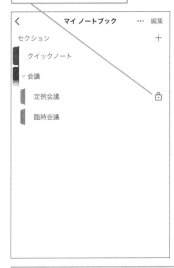

< **マイノートブック** … 編集

セクション　　　　　　　　　　＋

　クイックノート

∨ 会議

　　定例会議　　　　　　　　　🔒

　　臨時会議

セクションがロックされるまで時間が
かかる場合がある

ロックされたセクションをタップ
するとパスワードを求められる

関連 082 セクションをパスワードで保護する ……………………… P.141

110 セクションの保護を顔認証で解除する（モバイルアプリ）… P.182

特徴・基本操作

ノートの作成

図表・ファイル

ノートの整理

モバイルアプリ

活用アイデア

110 セクションの保護を顔認証で解除する

モバイルアプリ

セクション

　保護されたセクションをタップすると、ロックを解除するためのパスワードの入力が求められます。顔認証「Face ID」を搭載しているiPhoneでは、パスワードの代わりに顔認証で解除が可能です。一度設定しておけば、それ以降はカメラに顔を向けると自動的に認証され、素早くロックを解除できます。

1 [保護されているセクション]を表示する

セクションの一覧を表示しておく

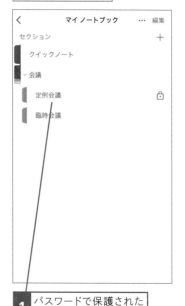

1 パスワードで保護されたセクションをタップ

2 顔認証を設定する

[保護されているセクション] が表示された

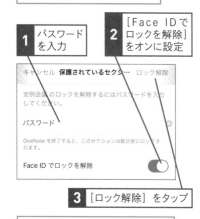

1 パスワードを入力

2 [Face IDでロックを解除]をオンに設定

3 [ロック解除]をタップ

「"OneNote"にFace IDの使用を許可しますか?」が表示された

"OneNote"にFace IDの使用を許可しますか?
Face ID を使用して、Intune の有効化と保護されたセクションのロック ことができます。

許可しない　　　OK

4 [OK]をタップ

③ 顔認証でセクションの保護を解除する

セクションのロックが解除され、ページの一覧が表示される

1 [<] をタップしてセクションの一覧に戻る

2 錠前のアイコンをタップ

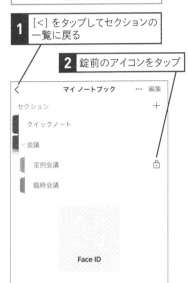

セクションがロックされた

3 セクション名をタップ

Face IDが起動した

④ セクションの保護が解除された

Face IDで顔が認証され、ページの一覧が表示された

ポイント

- 指紋認証での解除が可能な場合、「Touch IDでロックを解除」と表示されます。
- Androidのスマートフォンやタブレットでも、顔認証や指紋認証が搭載された機種では同様の設定が可能です。

 セクションをパスワードで保護する ·····························P.141
セクションの保護を設定する（モバイルアプリ）·············P.180

できる 183

111 新しいページを追加する

　モバイルアプリの特徴は、外出先や移動中など、いつでもメモできることです。そして、モバイルアプリで追加したメモは、自動的にパソコンにも同期されます。まずはメモを書き留めて、あとからパソコンで整理する、といった使い方ができます。

❶ ページを追加する

ページを追加したいセクションを
表示しておく

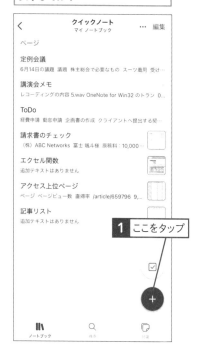

1 ここをタップ

❷ タイトルを入力する

ページが追加
された

ツールバーとキーボードが表示された

1 タイトルを入力

2 改行をタップ

③ メモを入力する

ページの本文にカーソルが移動した

1 文字を入力

企画案メモ
2023/02/17　21:03

メモが入力された

企画案メモ
2023/02/17　21:03
3月

ここをタップすると、キーボードが非表示になり、文字の入力が終了する

④ 文字を装飾する

太字に設定する

1 文字を選択

企画案メモ
カット　コピー　すべてを選択　＞
3月

2 ツールバーを左にスワイプ

企画案メモ
カット　コピー　すべてを選択　＞
3月

3 [B] をタップ

⬄ ⇥ **B** *I* U S ∅ ⌨

文字が太字になった

企画案メモ
選択　すべてを選択
3月

同様に斜体や下線、インデントなどを設定できる

⬄ **B** *I* U S ∅ ⊖ ⌨

特徴・基本操作

ノートの作成

図表・ファイル

ノートの整理

モバイルアプリ

活用アイデア

112 タスクリストを作成する

iPhoneのモバイルアプリには、タスクリストを管理する専用の機能があります。「タスク」のノートシールを設定したリストを素早く作成し、完了したタスクの非表示が可能です。日常の中で、いつでも手軽にタスクを確認・管理できます。

1 タスクリストのページを追加する

タスクリストを作成したいセクションを表示しておく

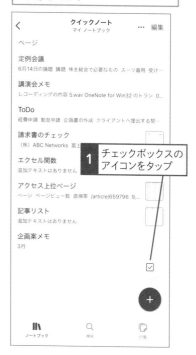

1 チェックボックスのアイコンをタップ

2 タスクを入力する

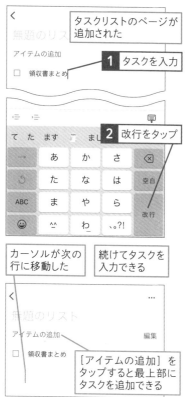

タスクリストのページが追加された

1 タスクを入力

2 改行をタップ

カーソルが次の行に移動した

続けてタスクを入力できる

[アイテムの追加]をタップすると最上部にタスクを追加できる

③ タスクを並べ替える

| 複数のタスクを入力した | **1** [編集]をタップ |

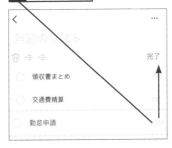

2 ここをドラッグ

④ タスクを完了する

| タスクの順番が変更された | **1** [完了]をタップ |

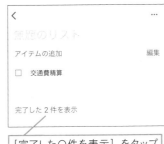

| **2** タスクのチェックボックスをタップ |

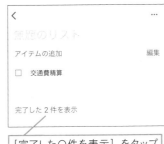

| タスクが完了し、非表示になった |

| [完了した〇件を表示]をタップすると再表示できる |

特徴・基本操作

ノートの作成

図表・ファイル

ノートの整理

モバイルアプリ

活用アイデア

ポイント

● タスクリストをパソコン向けアプリやAndroidアプリで表示すると、[タスク]ノートシールが付いたページとして表示されます。

113 写真を撮影して ページに挿入する

　スマートフォンやタブレットのカメラで写真を撮影し、そのままページに挿入できます。例えば、ホワイトボード、黒板、模型などをその場で記録して保存したいときに便利です。紙の書類やレシートなどをデータ化するときにも利用できます。

① カメラを起動する

ツールバーとキーボードを
表示しておく

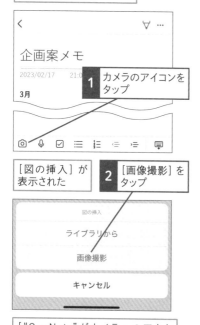

1 カメラのアイコンを
タップ

[図の挿入] が
表示された

2 [画像撮影] を
タップ

["OneNote" がカメラへのアクセスを求めています] と表示されたら
[OK] をタップする

② 写真を撮影する

カメラが起動した

1 ここをタップ

ここを左にスワイプして撮影
モードを切り替えられる

③ 撮影した写真を保存する

写真が撮影された

1 [完了] をタップ

ⓒ 追加　✄ トリミング　↻ 回転　🗑 削除　完了 >

[追加] をタップすると、
さらに撮影できる

④ 写真が挿入された

写真がページに挿入された

ポイント

●写真を撮影してページに挿入する場合、「Microsoft Lens」アプリも便利です。テキストの撮影に特化した機能を持ち、OneNoteとも連携しています。

関連 038 ページに画像を挿入する ……………………………………… P.68

038 040 画像内の文字をテキストに変換する …………………………… P.72

042 インターネットから画像を挿入する …………………………… P.76

114 端末に保存している写真をページに挿入する
（モバイルアプリ）……………………………………………… P.90

123 あらゆる書類をデジタル化して情報を整理する ………… P.208

特徴・基本操作

ノートの作成

図表・ファイル

ノートの整理

モバイルアプリ

活用アイデア

114 端末に保存している写真をページに挿入する

スマートフォンやタブレットに保存している写真などの画像を、ページに挿入できます。これらの端末にある画像を転送する手間なく、パソコンで確認できる、といったメリットもあります。

① 写真の一覧を表示する

| 1 | ツールバーを表示し、カメラのアイコンをタップ |

[図の挿入] が表示された

| 2 | [ライブラリから] をタップ |

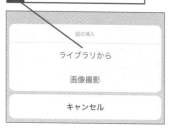

② 写真を選択する

| 写真の一覧が表示された | 撮影済みの写真を挿入する |

| 1 | 挿入したい写真を選択 |

| 2 | [次へ] をタップ | 写真は複数選択できる |

③ 写真をトリミングする

写真の編集画面が
表示された

複数の写真を選択した場合、ここを
左右にスワイプして確認できる

追加　トリミング　回転　削除　　完了 >

1 [トリミング] をタップ

④ トリミングを確定する

トリミング画面が
表示された

1 トリミング範囲
を指定

キャンセル　　　　　　　確認

2 [確認] をタップ

3 写真の編集画面に戻ったら
[完了] をタップ

写真がページに挿入された

特徴・基本操作

ノートの作成

図表・ファイル

ノートの整理

モバイルアプリ

活用アイデア

115　手書きでメモをとる

スマートフォンやタブレットでは、画面を指やデジタルペンでなぞって、手書きでメモをとれます。素早く文字やイラストなどを書き込むことができ、ページ内にあるテキストや写真などに指示を付けるときにも便利です。

1 ペンを選択する

ページを表示しておく

1 ここをタップ

手書き入力モードになった

2 ペンをタップ

2 手書きでメモをとる

1 指で画面をなぞって手書きで入力

手書きのメモが入力された

2本の指でスワイプするとページがスクロールする

❸ 手書きのメモを削除する

間違った部分を削除する	**1** 消しゴムをタップ

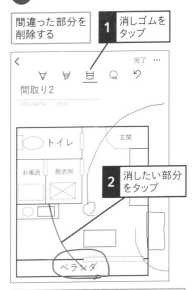

2 消したい部分をタップ

1回の操作で書いた部分が削除された

画面をなぞると、複数回の操作で書いた部分をまとめて削除できる

❹ 蛍光ペンを引く

1 蛍光ペンをタップ	**2** 指で画面をなぞる

メモや写真に重ねて強調できる

[完了]をタップすると手書き入力モードが終了する

関連 **056** 手書きでメモをとる(デスクトップ)・・・・・・・・・・・・・・・・・・・・P.96
057 手書きのメモを削除する(デスクトップ)・・・・・・・・・・・・・・・・・・P.98
058 手書きのメモをテキストに変換する(デスクトップ)・・・・・・P.100
059 手書きのメモを図形に変換する(デスクトップ)・・・・・・・・・・P.102

特徴・基本操作

ノートの作成

図表・ファイル

ノートの整理

モバイルアプリ

活用アイデア

116 Webページの内容を保存する

外出中にWebページで気になる情報を見つけたとき、モバイルアプリで保存すると便利です。素早くOneNoteに、Webページのタイトル、URL、ページの画像を記録できます。会員登録や決済時などの画面を、メモに残しておきたいときにも役立ちます。

1 共有メニューを表示する

Safariを起動し、保存したいWebページを表示しておく

ここをタップ

2 [App] を表示する

共有メニューが表示された

1 ここを左にスワイプ

2 [その他] をタップ

❸ OneNoteを共有メニューに追加する

[App] が表示された

1 [OneNote] をタップ

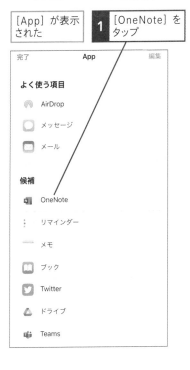

完了	App	編集

よく使う項目

🔘 AirDrop

💬 メッセージ

📧 メール

候補

📘 OneNote

⋮ リマインダー

📝 メモ

📕 ブック

🐦 Twitter

▲ ドライブ

📘 Teams

❹ Webページを OneNoteに保存する

[OneNote] が表示された

1 [場所] をタップして保存するセクションを選択

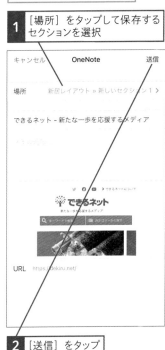

キャンセル	OneNote	送信

場所　　新居レイアウト » 新しいセクション1 ›

できるネット - 新たな一歩を応援するメディア

URL https://dekiru.net/

2 [送信] をタップ

Webページの内容が保存される

ポイント

● 保存したWebページは、タイトルとスクリーンショットの画像、URLがセットになってページに記録されます。

● Androidの場合は、Google Chromeアプリの共有機能を使うことでOneNoteに保存できます。

関連 ▶ 042 インターネットから画像を挿入する ………………………… P.76

065 Web ページの内容をさまざまな形式で保存する ………… P.116

特徴・基本操作

ノートの作成

図表・ファイル

ノートの整理

モバイルアプリ

活用アイデア

117　音声を録音する

モバイルアプリでも、音声を録音してノートに記録できます。講演会やプレゼン発表などの音声を、資料とあわせて記録しておきたいときに便利です。メモを入力する時間がないとき、自分の声を録音してメモしておく、といった使い方もできます。

1 音声を録音する

ツールバーとキーボードを表示しておく

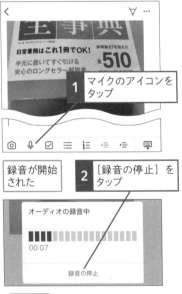

| 1 | マイクのアイコンをタップ |

録音が開始された

| 2 | [録音の停止]をタップ |

2 音声を再生する

録音が停止し、ページに音声が挿入された

| 1 | 音声のアイコンをタップ | 2 | [再生]をタップ |

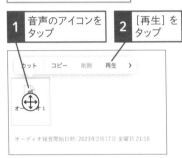

音声が再生された

ポイント

● モバイルアプリでは録音しながらメモをとることはできません。

関連 062 音声を録音しながらメモをとる……………………………… P.106

118 すべてのページを 対象に検索する

モバイルアプリでも、キーワードを入力してページを検索できます。特にスマートフォンでは、1ページずつ確認していくのは手間がかかります。検索機能を使って、開いているノートブック内のページを一気に検索しましょう。

① ノートブックを検索する

1 [検索] をタップ

2 文字を入力

3 [検索] をタップ

② 検索結果を切り替える

検索結果が表示された

スマートフォンで開いているすべての
ノートブック内が検索される

[付箋] をタップすると付箋のみの
結果が表示される

特徴・基本操作

ノートの作成

図表・ファイル

ノートの整理

モバイルアプリ

活用アイデア

119 ページを別のセクションやノートブックに移動する

モバイルアプリでも、ページを別のセクションに移動・コピーできます。外出時などのパソコンがない環境でも、手軽にノートブックの整理が行えます。

1 ページ選択の画面を表示する

2 ページを選択する

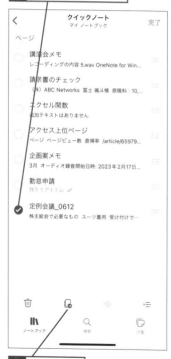

2 ここをタップ

③ 移動先を選択する

1 [移動] をタップ

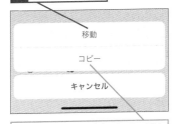

[コピー] をタップするとページを
複製できる

[このページを新しいセクションに
移動します] と表示された

[戻る] をタップするとノート
ブックを選択できる

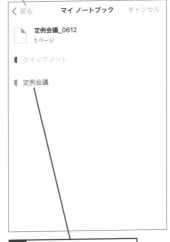

2 移動したいセクションを
タップ

ページが移動する

④ 移動したことを確認する

1 移動先のセクションを
タップ

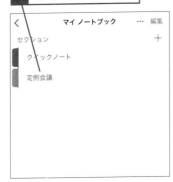

ページが移動したことを
確認できた

関連 **067** ページを移動・コピーする ·· P.122

特徴・基本操作

ノートの作成

図表・ファイル

ノートの整理

モバイルアプリ

活用アイデア

120 付箋でメモをとる

　Windows 11/10には、パソコンのデスクトップ画面にメモを貼るような感覚で使える「付箋」アプリが標準でインストールされていて、OneNoteと連携して使えます。ページに記録する内容とは区別して、メモを残したいときに活用しましょう。

❶ 付箋を追加する

1 ［付箋］をタップ

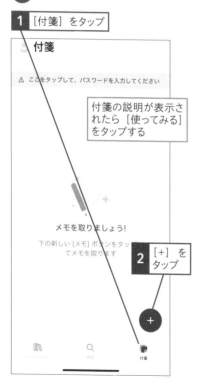

付箋の説明が表示されたら［使ってみる］をタップする

2 ［＋］をタップ

❷ 付箋の内容を入力する

1 文字を入力

2 ここをタップ

写真を挿入できる

箇条書きの書式にできる

❸ 付箋を編集する

| 付箋が追加された | **1** 付箋を左にスワイプ |

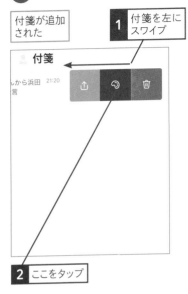

2 ここをタップ

❹ 付箋の色を変更する

| **1** 色を選択 | 付箋の色が変更された |

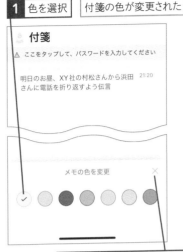

2 [×] をタップして閉じる

❺ 付箋をパソコンで表示する

| **1** パソコンで [付箋] を起動 | 追加した付箋が表示された | 付箋をダブルクリックするとデスクトップに表示できる |

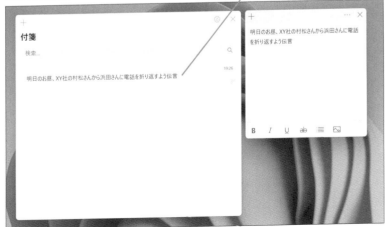

特徴・基本操作

ノートの作成

図表・ファイル

ノートの整理

モバイルアプリ

活用アイデア

121 OneDriveにある ファイルを添付する

モバイルアプリ

ファイル

　スマートフォンやタブレットでOneDriveを使うときは、これらの端末に「OneDrive」アプリをインストールしておく必要があります。モバイルアプリでも、OneDriveにあるファイルをページに添付することが可能になります。外出前に添付し忘れていたファイルがあっても、モバイルアプリを使って添付できるので、利便性が高まります。

❶ OneDriveアプリに サインインする

OneDriveのiPhoneアプリを
インストール・起動しておく

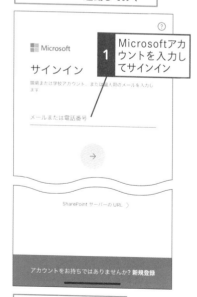

1 Microsoftアカウントを入力してサインイン

OneNoteアプリと連携
できるようになる

❷ [ブラウズ] 画面を表示する

OneNoteアプリでファイルを添付
したいページを表示しておく

1 ツールバーを
左にスワイプ

2 [添付] をタップ

❸ OneDriveを追加する

[ブラウズ] 画面が表示された

["OneDrive"をオンにしますか?] と表示されたら [オンにする] をタップする

1 [OneDrive] をタップ

❹ フォルダーを開く

[OneDrive] が表示された

1 添付したいファイルがある
フォルダーをタップ

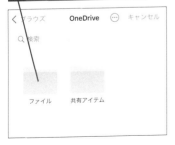

❺ 添付したいファイルを選択する

[ファイル] が開いた

1 添付したいファイルをタップ

2 [添付ファイル] をタップ

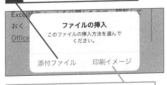

[印刷イメージ] をタップすると、ファイルの印刷イメージをページに挿入できる

特徴・基本操作

ノートの作成

図表・ファイル

ノートの整理

モバイルアプリ

活用アイデア

次のページに続く

6 ファイルのプレビューを表示する

ページにファイルが添付された

1 添付されたファイルをタップ

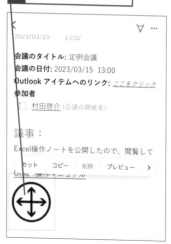

7 プレビューが表示された

1 [プレビュー] をタップ

ファイルのプレビューが表示された

関連 051 ページにファイルを添付する.............................P.88

モバイルアプリ ファイル／設定

122 ホーム画面にページや セクションを追加する

Androidのモバイルアプリでは、ホーム画面にページやセクションなどのアイコンを追加できます。よく使うセクションやページを追加すると、ホーム画面から素早く開くことができて、作業効率がアップします。

① ノートブックの一覧を 表示する

OneNoteのAndroidアプリを
インストール・起動しておく

1 [ノートブック] をタップ

② ホーム画面に追加したい ノートブックを選択する

[ノートブック] が
表示された　　　**1** ノートブック名 を長押し

ノートブックが選択された

2 ここをクリック

次のページに続く >

特徴・基本操作

ノートの作成

図表・ファイル

ノートの整理

モバイルアプリ

活用アイデア

③ ノートブックを ホーム画面に追加する

1 [ホーム画面に追加]を タップ

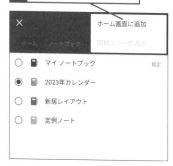

```
×                     ホーム画面に追加
   ホーム    ノートブック    同期エラーの表示

○  ■  マイ ノートブック           既定
◉  ■  2023年カレンダー
○  ■  新居レイアウト
○  ■  定例ノート
```

[ホーム画面に追加]が 表示された

```
ホーム画面に追加
長押しすると、手動で追加できます

       ■
   2023年カ... ショートカット

        キャンセル    自動的に追加
```

2 [自動的に追加]を タップ

④ ホーム画面に ノートブックが追加された

ノートブックをタップすると、OneNote が起動して指定したノートブックが表示される

ポイント

● 同様の方法で、セクションやページのアイコンもホーム画面に追加できます。
● iPhoneやiPadでは、この機能は利用できません。

第**6**章

活用アイデア

作業効率をアップする実践テクニック

本章では、OneNoteをもっと便利に活用できる実践的な使い方を紹介しています。ビジネスや生活のさまざまな場面で、OneNoteを効率よく使いこなしましょう。

123 あらゆる書類をデジタル化 して情報を整理する

必修

活用アイデア

書類のデジタル化

資料やレジュメなどを放っておくと、どんどん書類がたまっていきます。カメラアプリの「Microsoft Lens」とOneNoteを組み合わせて、書類をデジタル化して整理しましょう。

Microsoft Lensをスキャナーとして使う

Microsoft Lensはマイクロソフト社が提供しているiPhoneやAndroid向けのカメラアプリで、App StoreまたはGoogle Playから無料でダウンロードできます。撮影した書類をPDFファイルとして保存したり、テキストを抜き出したりなど、画像としての撮影以外にも便利な機能を備えています。操作はOneNoteのカメラ機能と同様で、書類をデジタル化するときは「ドキュメント」モードで撮影します。

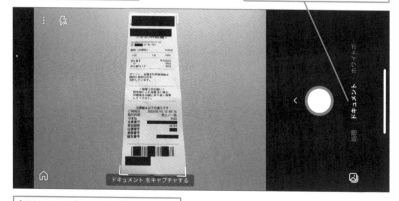

◆Microsoft Lens アプリ

撮影モードを［ドキュメント］に
設定している

［ドキュメント］モードで撮影すると、
写真が書類の形状にあわせて自動的
にトリミングされる

撮影した書類をPDFファイルで保存

撮影した書類は、PDFファイルとして保存しておくと、画像よりも文字が読みやすく、書類をファイルとして残せます。撮影後の[エクスポート先]画面では、[保存先]で[PDF]を指定し、OneDriveにPDFファイルを保存しましょう。なお、[保存先]を[OneNote]にすると、書類の画像がOneNoteのページに貼り付けられます。

特徴・基本操作

ノートの作成

図表・ファイル

ノートの整理

モバイルアプリ

活用アイデア

Microsoft Lensで書類を撮影した

1 [完了]をタップ

2 ページのタイトルを入力

3 [PDF]をタップ

OneDriveまたはスマートフォンの端末内にPDFを保存できる

次のページに続く〉

OneNoteのページに情報をまとめる

OneDriveに保存した書類のPDFファイルは、OneNoteのページに添付して整理しましょう。OneDriveにアクセスできる環境であれば、パソコンやスマートフォンなど、どの端末からでも操作できます。ファイルだけを添付するか、印刷イメージも挿入するかを使い分けて、効率よく情報を扱えるようにまとめていきましょう。操作方法については、ワザ051(P.88)やワザ052(P.90)を参考にしてください。

> 撮影した写真やPDFデータをOneNoteに集約すると、
> あとで見直すのが簡単になる

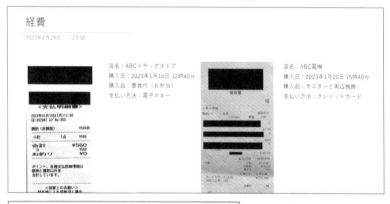

> レシートのほかにも名刺や領収書、処方箋などを
> 撮影して保存すると便利に活用できる

ポイント

- Androidでは、OneDriveへのPDFファイルの保存と、OneNoteへの画像の貼り付けをまとめて行えます。
- モバイルアプリでOneDriveを使う場合、あらかじめ「OneDrive」アプリをインストールしておく必要があります。

124 OneNoteを無限ホワイトボードとして活用する

　一般的なホワイトボードの場合、ボードの書き込みがいっぱいになると、それまでの内容を消して書き込みを追加していきます。OneNoteの画面を外部に映し出すことで、いくらでも書き込みができるホワイトボードのように活用できます。発言をテキスト入力していくことで、あとで議事録をまとめる作業も簡略化が図れます。

OneNoteの画面を外部に出力する

　まず、OneNoteの画面を外部に出力する準備をしましょう。大型のモニターがある場合、HDMIやVGAなどで、パソコンを接続します。プロジェクターを使ってスクリーンに映し出す、という方法もあります。なお、タッチパネル対応のノートパソコンでないときは、タブレットも用意しておくと、図表を手書きするときに便利です。また、パソコンとタブレットのOneNoteにも、同じMicrosoftアカウントでサインインしておきましょう。

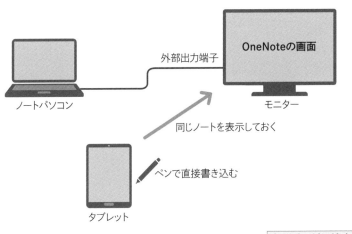

ノートパソコン　　外部出力端子　　OneNoteの画面　　モニター

同じノートを表示しておく

ペンで直接書き込む

タブレット

特徴・基本操作

ノートの作成

図表・ファイル

ノートの整理

モバイルアプリ

活用アイデア

次のページに続く

発言内容をリアルタイムで入力する

　ホワイトボードに書き込むように、発言内容をテキストで入力していきましょう。図やイラストなども、デジタルペンなどを使って手書きでメモします。パソコンとタブレットを併用しているときは、こまめにノートブックを同期させます。パソコンでは Shift + F9 キーを押すと、素早く同期を実行できます。

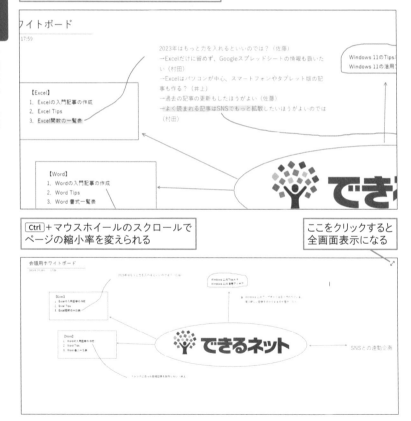

図や手書きを用いて視覚的に分かりやすい
議事録を作成できる

Ctrl + マウスホイールのスクロールで
ページの縮小率を変えられる

ここをクリックすると
全画面表示になる

話題転換するときは新しいページを追加

　OneNoteのページはどんどん下へと内容を入力できますが、話題やテーマが変わるときは、新しいページを追加しましょう。あとから内容を確認するとき、話題転換の区切りがはっきりします。また、ページのコピーも活用しましょう。例えば、記録したメモに重ねて書き込みをするとき、元のページの内容をそのまま残しておくことができます。

ページをコピーしておけば、前回の議題を
そのまま引き継ぐことも可能

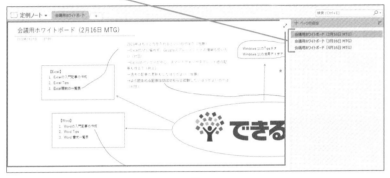

会議の話題が変わったとき、
新しいページを追加するとよい

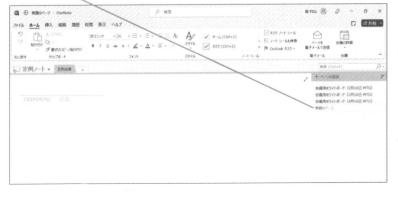

125 議事録や講義ノートの フォーマットを作成する

必修

活用アイデア テンプレート

議事録や講義ノートなど、同じ定型でデータを入力するときは、フォーマットとするページを作成し、「テンプレート」に登録しておくと便利です。毎回、同じ内容を入力する手間が省け、作業効率がアップします。部署や大学のゼミなどで、ページの形式を揃えたいときにも役立ちます。

ページを作成してテンプレートに登録する

まず、フォーマットとするページを作成しましょう。ページに見出しや入力欄などを配置するときは、マス目状の罫線を表示すると作業しやすくなります。ページが完成したら、名前を付けてテンプレートに登録します。用途にあわせて、分かりやすい名前を付けるようにしましょう。

> テンプレート用のページを
> 用意しておく

> **1** [挿入] タブ→ [ページテンプレート]
> の順にクリック

> **2** [現在のページをテンプレートとして保存]
> をクリック

登録したテンプレートは［マイテンプレート］から使う

登録したオリジナルのテンプレートは、テンプレートの一覧で［マイテンプレート］に分類されています。使い方は既存のテンプレートと同様で、使いたいものをクリックすると、フォーマットが適用された新しいページが挿入されます。

保存したテンプレートは［マイテンプレート］から
表示できる

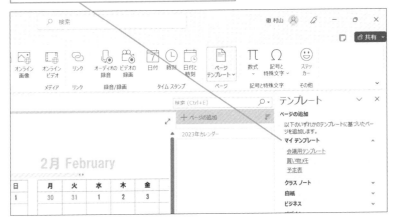

Officeのテンプレートをダウンロードする

いちからフォーマットを作るのは大変な作業です。マイクロソフト社のWebサイト「楽しもうOffice」では、OneNoteのさまざまなテンプレートを無料でダウンロードできます。仕事や日常生活、学校などで活用できる豊富な種類のテンプレートがあり、ダウンロードしたあと、すぐに使い始めることができます。

▼ 楽しもうOffice
https://www.microsoft.com/ja-jp/office/pipc

関連 090 テンプレートを設定する ……………………………………… P.154

特徴・基本操作

ノートの作成

図表・ファイル

ノートの整理

モバイルアプリ

活用アイデア

126 PDFデータを 取り込んで直接書き込む

必修

活用アイデア

資料への書き込み

　PDFなどで送られてきたデータに、修正の指示や申し送り事項などを書き込みたいとき、OneNoteの手書きを使ってみましょう。紙に赤ペンで書くように、思いどおりに素早く書けます。

元のデータは印刷イメージで取り込む

　まず、修正指示などを書き込みたいデータを、ページに「ファイルの印刷イメージ」で取り込みます。ページにファイルが添付され、その印刷イメージが表示されます。PDFだけでなく、WordやExcelなどのデータも印刷イメージとして取り込むことで、同様に書き込みが可能になります。

印刷イメージの上から
手書きで書き込める

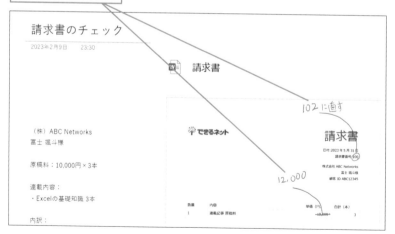

指示を書き込んだデータを共有する

　ページに印刷イメージを取り込んだら、その上に修正指示などを書き込みます。その際は、デジタルペンの使用をおすすめします。紙に書くようにスムーズに記入できます。書き込んだデータを戻すとき、相手がOneNoteを使っていれば、共有機能を使ってページを見てもらえます。やりとりを繰り返すときに便利ですが、ノートブック単位での共有になる点に注意してください。ページをPDFファイルで保存し、メールに添付して送るという方法もあります。

[共有] → [ノートブック全体を共有] で
共有できる

共有した相手が書き込むと、変更履歴が
表示される

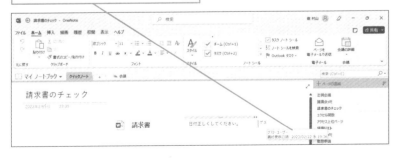

特徴・基本操作

ノートの作成

図表・ファイル

ノートの整理

モバイルアプリ

活用アイデア

127 付箋をOneNoteにも 同期して「忘れる」をなくす

活用アイデア

付箋の活用

ワザ120（P.200）で紹介したように、Windowsの「付箋」アプリとOneNoteは連携できます。OneNoteのFeed機能を利用すれば、ページに入力したメモも、付箋のメモも一括して管理できます。

OneNoteのFeed機能に付箋のメモが同期される

OneNoteのFeedには、OneNoteのページや「付箋」アプリなどで入力したメモが同期して集約されます。わざわざ「付箋」アプリを起動しなくても、OneNoteで付箋のメモを確認できるので、せっかくメモしておいたのに忘れてしまった、というトラブルを防げます。また、すべてのメモを検索したり、付箋のメモだけに絞り込んだりすることもできます。

1 ［Feedを開く］を クリック

［Feed］が表示 された

Feedにはページや付箋の 変更履歴も表示される

Androidスマートフォンは[ホーム]を使う

　AndroidスマートフォンのOneNoteでは、トップ画面に[ホーム]と[ノートブック]があります。[ホーム]で付箋のメモだけを表示することで、外出時の簡易的なToDoリストや買い物メモなどに活用できます。付箋のメモは色を付けられるので、目的や内容によって色分けしておくと、より効果的です。例えば、終わったメモは薄い緑にする、といったルールを決めておくとよいでしょう。

Androidスマートフォンでは[ホーム]
にFeedが表示される

Androidスマートフォンで
付箋を作成する

2 [付箋を作成する]をタップ

新しい付箋が作成された

1 ここをタップ

関連 120　付箋でメモをとる‥‥‥‥‥‥‥‥‥‥‥‥‥‥‥‥‥‥‥‥‥‥ P.200

特徴・基本操作

ノートの作成

図表・ファイル

ノートの整理

モバイルアプリ

活用アイデア

🔍 索 引

索引

■著者

間久保恭子（まくぼ きょうこ）

ソフトウェアメーカーでユーザーサポートや教育教材の開発制作に従事したあと、フリーランスのテクニカルライターとして独立。スクール用教材やeラーニング教材などの企画・制作も数多く手がける。現在はIT教育コンサルタントとして、情報リテラシーの向上を目指し、企業研修や個人向けセミナーなどを展開している。著書に『徹底攻略ITパスポート教科書＋模擬問題』『かんたん合格 ITパスポート過去問題集』（インプレス刊）、『仕事にスグ役立つ集計・分析・グラフワザ！』『ひと目でわかるExcelグラフ編』（日経BP社刊）ほか多数。

STAFF

カバーデザイン	伊藤忠インタラクティブ株式会社
本文フォーマット	伊藤忠インタラクティブ株式会社
DTP制作	株式会社トップスタジオ
校正	株式会社トップスタジオ
デザイン制作室	今津幸弘 <imazu@impress.co.jp>
	鈴木 薫 <suzu-kao@impress.co.jp>
編集	佐々木翼 <sasaki-tsu@impress.co.jp>
編集長	小渕隆和 <obuchi@impress.co.jp>

本書のご感想をぜひお寄せください

https://book.impress.co.jp/books/1122101157

読者登録サービス
CLUB impress

アンケート回答者の中から、抽選で図書カード（1,000円分）などを毎月プレゼント。
当選は賞品の発送をもって代えさせていただきます。
※プレゼントの賞品は変更になる場合があります。

■商品に関する問い合わせ先

このたびは弊社商品をご購入いただきありがとうございます。本書の内容などに関するお問い合わせは、下記のURLまたは二次元バーコードにある問い合わせフォームからお送りください。

https://book.impress.co.jp/info/

上記フォームがご利用いただけない場合のメールでの問い合わせ先
info@impress.co.jp

※お問い合わせの際は、書名、ISBN、お名前、お電話番号、メールアドレス に加えて、「該当するページ」と「具体的なご質問内容」「お使いの動作環境」を必ずご明記ください。なお、本書の範囲を超えるご質問にはお答えできないのでご了承ください。

●電話やFAXでのご質問には対応しておりません。また、封書でのお問い合わせは回答までに日数をいただく場合があります。あらかじめご了承ください。
●インプレスブックスの本書情報ページ https://book.impress.co.jp/books/1122101157 では、本書のサポート情報や正誤表・訂正情報などを提供しています。あわせてご確認ください。
●本書の奥付に記載されている初版発行日から3年が経過した場合、もしくは本書で紹介している製品やサービスについて提供会社によるサポートが終了した場合はご質問にお答えできない場合があります。

■落丁・乱丁本などの問い合わせ先
FAX　03-6837-5023
service@impress.co.jp
※古書店で購入された商品はお取り替えできません。

できるポケット 最強の情報整理術
OneNote全事典 改訂版

2023年3月21日　初版発行

著　者　間久保恭子 & できるシリーズ編集部

発行人　小川 亨

編集人　高橋隆志

発行所　株式会社インプレス
　　　　〒101-0051　東京都千代田区神田神保町一丁目105番地
　　　　ホームページ　https://book.impress.co.jp/

Copyright © 2023 Kyoko Makubo and Impress Corporation. All rights reserved.

印刷所　図書印刷株式会社
ISBN978-4-295-01634-2 C3055

Printed in Japan